물리학과 대승기신론

관찰자와 현상

소 광 섭

서울대학교출판문화원

본저서는 서울대학교 사범대학 교육연구재단의 1998년도 저술 · 번역 연구비 지원을 받아 간행되었음

머리말

우리의 눈앞에 펼쳐져 있는 온갖 사물은 실재하는 것인가 아니면 이를 바라보고 있는 관찰자의 환상에 불과한 것인가? 자연현상의 실재성을 전제하고 그 궁극의 법칙을 추구하는 물리학과 오직 마음만이 실재할 뿐이라는 불교의 유심적 세계관은 화해와 일치가 가능한 것일까? 이 책에서는 이러한 의문에 대한 해답을 얻기 위한 작업의 일환으로 '관찰자와 현상'의 관계를 물리학과 불교의 관점에서 고찰하였다.

'관찰자'와 '현상'의 정의로부터 출발하는 것이 당연한 것이겠지만 이 책에서는 그러한 정의나 이 개념과 관련된 철학적 논의는 거의 하지 않는다. '현상'은 그저 눈에 보이고 귀에 들리고 손에 만져지는 것들이라고 소박하게 생각하면 그만이다. 칸트나 헤겔 같은 대철학자들의 심오한 사상이나 과학철학의 복잡 미묘한 이론을 배경지식으로 알고 있어야 되는 것도 아니다. 다만 '관찰자'에 대해서는 약간의 설명을 이곳에서 미리 해둘 필요를 느낀다. '관찰자' 하면 대체로 세 가지 의미가 있다. 하나는 인간 관찰자와 같이 지각하고 생각하고 판단하는 심리적 관찰자이다. 또 하나는 자연현상을 기술하는 기준(reference)으로서의 관찰자이다. 그리고 끝으로는 자연현상을 알아보기 위하여 측정하고 정보를 획득하는 측정자로서의 관찰자이다. 이 중 마지막의 관찰자의 측정행위와 현상의 상태에 관한 논의는 양자물리학의 가장 중요한 철학적 관심사로서 '불확정성 원리'로 널리 알려져 있다. 이 책에서는 측정자로서의 관찰자에 관해서는 양자역학과 관련해서 간략한 소개만 할 뿐 더 이상의 논의를 하지 않는다.

이 책의 주 관심사는 기준(reference)으로서의 관찰자와 생각하고 의식하는 심리적 관찰자이다. 먼저 현상 기술의 기준이 되는 관찰자는 상대성이론 구성의 핵심적 역할을 하는데, '상대성'이라는 개념 자체가 '기준틀(reference frame)'의 상대성을 의미하는 것이다. 상대적인 기준틀 상호간의 관계를 수식화하면 바로 시공간의 특수 상대성이론이 된다. 이 관계식은 물리현상 전반에 관한 기반조건이 되어 역학적인 현상(속도, 운동량, 에너지, 질량 등), 전기적인 현상(전류, 전자기장, 전자기 파동 등) 등의 특성을 규정한다. 달리 말해 관찰자들의 기준틀간의 상호관계가 자연현상 전반에 걸친 매우 포괄적인 법칙의 원천이다. 이와 같은 고전 물리적 현상뿐만 아니라 원자 등 미시세계를 기술하는 양자물리와 특수상대론의 결합에서도 소립자들이 갖는 중요한 특성들(반물질의 존재, 보존 입자와 페르미 입자로의 분류, 스핀의 존재와 값)을 결정짓는다. 이러한 점에서 관찰자의 기준틀의 상대적 관계에 의해서 자연현상의 많은 법칙성이 결정된다는 것을 알 수 있는데, 그렇다면 다음과 같은 질문이 당연히 떠오르게 된다.

자연의 법칙 일체가 관찰자에 의해서 규정된 것인가?

지금까지의 특수 상대성이론은 자연현상의 일부 법칙만을 규정할 뿐이므로 위의 질문에 그렇다고 긍정적 답변은 할 수 없다. 그렇다면 어느 한계까지만 결정하는 것이며, 나머지 다른 법칙의 기원은 무엇인가 하는 질문이 남게 된다.

위의 질문은 자연현상과 법칙의 기원에 대한 관찰자 자신의 역할을 묻는 것인데, 물리학의 역사를 보면 이론구성에 있어서 관찰자의 역할이 점점 더 중요한 위치로 변화해 감을 볼 수 있다. 그래서 이 책의 I장에서 물리학의 핵심적 이론을 개괄적으로 소개한 다음 II장에서 관찰자와 현상이란 시각에서 다시 한번 논의하였는데, 같은 소재를 각도만 달리해서 보는 것이기에 내용상의 중복은 불가피하였다.

I장과 II장을 읽어 보면 지금까지의 물리학 범위에서는 위의 질문에 대한 긍정적인 답이 나오지 않음을 알 수 있으나, 그러한 방향으로 물리학이 발전하는 것이 아닌가 하는 짐작을 할 수는 있다. 기준틀로서의 관찰자에 관한 물리학적 탐구가 충분히 진척된 것이 아니기 때문에(예: 일반 상대성이론과 양자역학의 관계는 아직껏 규명되지 않았다.) 앞으로 물리학이 더욱 진전되기를 기다리면서, 다른 한편으로는 생각하고 의식하는 심리적 관찰자로서의 인간을 고찰해 볼 필요가 있다. 놀랍게도 천 년이 훨씬 넘는 옛날에 유식불교(唯識佛敎)에서 인간의 심층심리에 관한 깊은 통찰을 제시하고 있다. 중관(中觀)불교와 유식불교의 종합 교과서라 할 수 있는『대승기신론(大乘起信論)』은 관찰자와 현상에 관한 유식불교의 인식론적 관점을 간명하게 요약하여 제시하고 있다. 이 책의 III장은 기신론의 유심론적 세계관을 위에서 제기한 질문의 관점에서 살펴본 것이다. 요컨대 이 세계의 모든 현상은〔境界相〕인식주관〔能見相〕에 바탕하여 나타나는 것으로, 관찰자의 식〔轉識〕이 현상의 인식〔現識〕에 앞선다는 것이다. 물론 이 둘의 분리보다 더 근본적으로 마음의 움직임에 의한 생멸〔業相〕과 식〔業識〕이 있으며, 이 모든 것은 오직 마음〔一心〕의 환영(幻影)에 다름 아니다. 위의 질문에 대한 궁극적 해답이 기신론에 제시되어 있다고 하겠는데, 물리학적 관점과 연결을 어떻게 해야 할 것인가는 여전히 숙제로 남는다.

물리학적 기준틀로서의 관찰자와 심리학적 인식틀로서의 관찰자는 현재까지는 전혀 다른 개념이지만, 하나의 인간이 이 양면을 모두 가지고 있다는 점에서 언젠가는 이 둘의 통일적 이해가 이루어져야 할 것이다. 그렇게 되면 물리학과 심리학은 하나의 분야로 합쳐질 것이고, 시공간과 물질의 근본에 대한 우리의 관념도 새롭게 바뀔 것이라고 희망할 수 있다. III장의 끝부분에서 이러한 생각을 대충 피력해 보았다. 그러므로 이 책은 미래를 향한 방향탐구의 성격을 갖고 있으며 미완의 논술로 그칠 수밖에 없었다.

부록에는 『대승기신론』의 우리말 번역과 한문 원본을 수록하였으며, 우리말 옮김은 불교와 기독교 언어의 상호 이해를 위한 시도의 일단으로 시행착오적 요소가 적지 않을 것을 알면서도 감히 내놓는 것이니, 맞고 틀리고를 떠나서 우리 모두가 함께 해 나가야 할 일로 봐 주면 고맙겠다.

일반적으로 철학서에 요구되는 엄격한 논리나 개념의 명확한 정의가 없이 교양인을 위한 물리학과 불교의 관계에 대한 개론서로 썼기 때문에 날카로운 비판력을 가진 독자는 치밀하지 못한 전개를 나무랄 것이 걱정된다. 또한 물리학의 지식이 부족한 독자에게는 지나치게 간략히 소개된 물리학의 내용이 애매하거나 난해하게 여겨질 것이 염려된다. 책 전체의 구성과 관점에 대한 비판은 물론 설명이 애매하거나 불완전한 곳 등을 지적해 주면 추후 개정을 하는 데 큰 도움이 되겠다.

『대승기신론』을 공부하는 데 주로 참고한 것은 이홍우 교수의 『대승기신론 역주』와 은정희 교수의 『대승기신론 소 · 별기 역주』였다. 이 책을 쓰는 데 여러 분의 도움이 많았으며, 특히 타이핑과 원고 교정을 도와준 임영숙, 김유미, 정현희에게 고마운 마음을 전한다. 학술지원비로 교수의 저술 활동을 지원하는 「서울대학교 사범대학 교육연구재단」과 황재기 이사장님께 감사드리며, 출판을 허락해 주신 서울대학교출판부 김용덕 교수님과 편집부 여러분께 사의를 표한다.

1999년 2월 18일
저자

차　　례

II. 관찰자와 현상

III. 기신론의 자연관

I. 물리학적 자연관

1. 아리스토텔레스적 자연관

1) 천문학

고요한 밤하늘, 찬란히 빛나는 별들을 바라볼 때 무언가 마음에 닿는 느낌이 일어나는 것은 구태여 시인이나 철학자가 아니더라도 누구나 한 번쯤 경험해 본 일이리라. 오늘날에도 그러하거늘 태고적 숲과 들에 살던 사람들에게 별과 달과 해는 더욱 각별한 친구요 영감을 불러 일으키는 존재들이 아니었을까. 그래서인지 고대의 우주관과 자연관을 대표하는 신화와 전설은 이들 하늘의 존재들과 밀접히 관련되어 있으며, 오늘날 과학이라 부르는 학문 분야의 시원도 천문학이었을 것으로 짐작된다.

BC 6~5세기경의 고대 그리스의 문화적 전환기에 그 이전의 신화적 자연관을 대체한 새로운 우주관인 "무거운 지구가 우주의 중심에 자리잡고 있고, 그 주위를 하늘과 별들이 돌며, 가장 바깥에는 신의 세계가 있다"는 조화와 질서(cosmos)의 우주구조가 받아들여져 16세기까지 유럽 사회의 기본적 우주관으로 통용되어 왔었다. 이러한 우주구조는 이른바 아리스토텔레스(Aristoteles, BC 384~322)의 자연관으로 고대부터 중세까지의 자연철학의 중심 이론이었다고 하겠다. 이를 간략히 요약하면,

첫째, 우주의 중심은 지구이며, 지구로부터 달까지를 지상계(terrestrial world)라 하고, 달에서부터 그 바깥의 세계를 천상계(celestial world)라 한다. 이 두 세계는 조성과 법칙이 전혀 다르다.

둘째, 지상계는 흙, 물, 공기, 불의 4원소로 이루어진 불완전한 세계이며, 생성 · 소멸의 변화과정이 끊임없이 일어난다. 천상계는 완전하며, 제5원소로 이루어진 영구불변의 세계이다.

셋째, 지상계에는 시작과 끝이 있는 직선운동이 있지만, 천상계에는 시작도 끝도 없는 등속 원운동만이 있다. 그러므로 천체들은 모두 원운동을 한다. 지상계의 무거운 물체는 지구의 중심을 향해 낙하운동을 하고, 가벼운 물체는 위로 올라간다.

아리스토텔레스의 자연관은 우주구조와 물질원소 이론과 운동에 관한 조화와 질서의 짜임새 있는 구도였으며, 비록 구체적인 내용은 틀렸을지라도 다룬 주제 자체(우주론, 물질론, 운동론)는 현대물리학의 주제와 전혀 다를 바 없다. 이런 의미에서 본다면, 우주자연에서 질서와 조화의 법칙을 찾는다는 기본철학은 여전히 고대 그리스 정신과 같다 하겠으며 다루는 주제도 역시 아리스토텔레스의 것과 크게 다르지 않다.

아리스토텔레스의 우주구조를 관측과 계산의 과학으로 구현한 이론이 프톨레마이오스(Ptolemaios, AD 2세기)의 천문학이다. 그의 우주구조는 다음 〔그림 1〕에서 보듯이 지구가 중심에 놓여 있다. 맨 바깥에는 별들이 붙어 있어 하루에 한 바퀴씩 도는 구면체, 즉 '항성천구(stellar sphere)'가 있으며 이것이 우주의 끝이다. 지구와 항성천구 사이에 달, 수성, 금성, 해, 화성, 목성, 토성이 차례로 있는데, 이들 각각은 행성의 천구(heavenly sphere)에 붙어 있다. 이 천구가 지구를 중심으로 돌고 있기 때문에 행성들이 지구 주위를 돌고 있다고 본다.

프톨레마이오스의 우주구조에는 여러 가지 문제점이 있다. 한 가지만 살펴보면, 행성들의 '역운동(逆運動, retrograde motion)'으로 행성들이 진행을 하는 중간에 거꾸로 되돌아가는 일이 얼마간 있다가 다시 앞으로 나가는 것처럼 보이는 것이다. 이를 설명하기 위하여 프톨레마

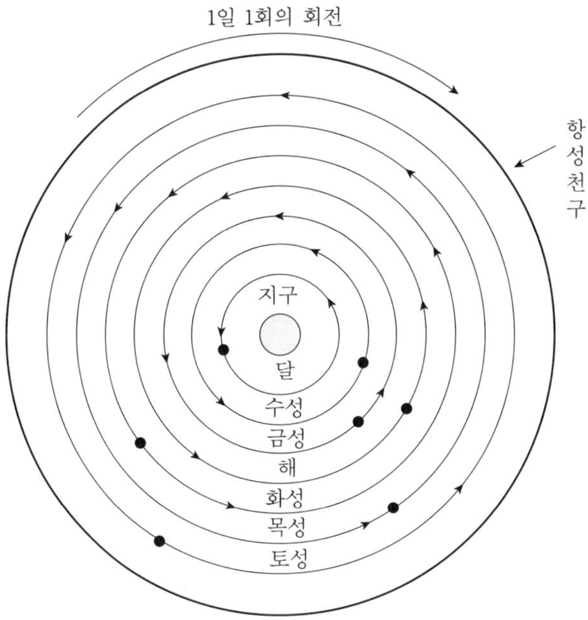

[그림 1] 프톨레마이오스의 우주구조

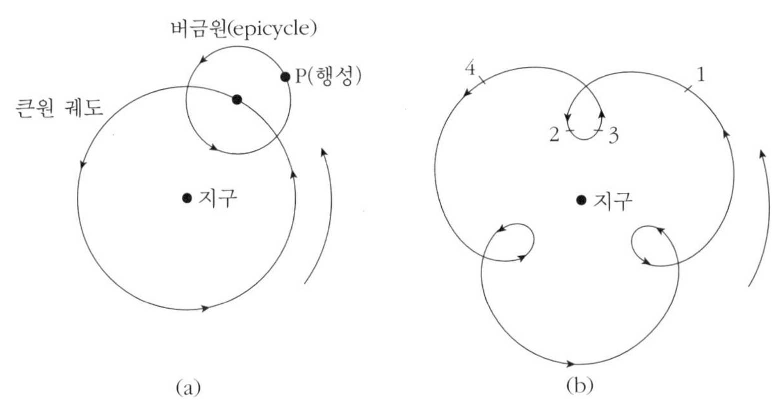

[그림 2] 행성의 역운동

이오스는 원래의 원 궤도에 겹쳐 작은 원운동(epicycle)을 썼다. 〔그림 2a〕처럼 큰원 주위에 작은 원(epicycle) 위를 돈다면, 전체적인 운동은 〔그림 2b〕처럼 복잡한 운동이 된다. 점 2와 점 3 사이의 운동을 지구에서 보면 거꾸로 가는 것처럼 보이게 된다.

버금원(epicycle)의 도입은 행성의 겉보기 운동을 잘 설명할 수 있었는데, 행성운동의 관측이 점점 더 정밀해지면서 버금원의 둘레에 더 작은 버금원을 또 도입해야 했는데, 이러한 버금원의 도입은 마침내 너무 복잡해져서 이론으로서의 정당성을 의심받을 수밖에 없게 되었다.

이러한 복잡성의 문제를 해결한 것이 코페르니쿠스(N. Copernicus, 1473~1543)의 새로운 우주구조였다. 다음 〔그림 3〕에서 보듯이 태양을 중심으로 지구가 다른 행성들과 같이 돈다고 보면 프톨레마이오스의 여러 가지 복잡한 생각들이 필요없이 단순하게 행성들의 운동을 이해할 수 있다. 코페르니쿠스의 지동설(地動說)은 아리스토텔레스의 우주관 전체를 깨는 큰 변혁의 시발점이었지만 그 자신은 행성의 운동에 관한 전문적인 세부사항의 개선 정도로만 여겼던 것 같다. 그는 프톨레마이오스의 우주구조의 기본요소인 천구(天球)를 그대로 두고, 원운동을 고수했으며, 지구의 자전을 도입했으면서도 항성들의 천구를 여전히 남겨두는 등 옛 생각의 틀에서 벗어나지 못했다. 또한 아리스토텔레스 우주관의 다른 측면들에 대해서도 전혀 언급을 하지 않았다.

그러나 일단 시작된 개혁은 티코 브라헤(Tycho Brahe, 1546~1601)의 정밀한 관측과 그의 제자 케플러(J. Kepler, 1571~1630)의 수학적 계산으로 아리스토텔레스의 우주관 전체를 깨는 일로 나아갔다. 케플러는 그때까지 신성시되었던 완전성의 대표인 원운동을 깨는 행성의 타원운동을 발견했다. 이로써 지상계와 천상계를 구별하던 대전제가 무너지기 시작했다. 마침내 갈릴레오가 망원경으로 달 표면의 분화구, 태양의 흑점, 목성의 달, 금성의 차고 기울음, 수많은 별의 관측 등을 통하여 천상계에 대한 아리스토텔레스적 환상을 완전히 부수게 되었으며, 수학적 이론이 아니라 직접 눈으로 확인함으로써 일반인들도 쉽게 받아들일 수

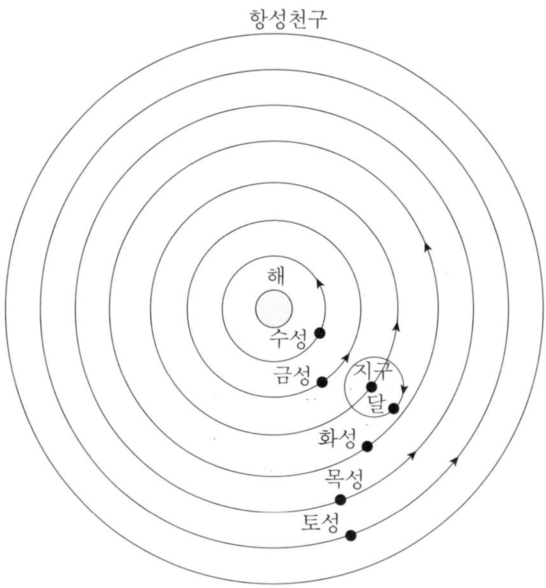

[그림 3] 코페르니쿠스의 우주모형

있도록 하였다.

일단 아리스토텔레스의 기본 전제가 깨어짐에, 그의 우주관의 다른 측면인 운동학과 물질론도 새로운 관점으로 보게 되었고, 이에 역학의 혁명이 시작되었으며, 이것은 곧 갈릴레오-뉴턴에 의한 근대과학의 정립으로 이어진다.

2) 역 학

아리스토텔레스의 자연관에서 우주구조론, 물질원소론, 운동론 중 우주구조론이 먼저 무너지게 되자 전체가 하나의 틀로 잘 짜여져 있던 중세의 세계관은 전반적인 변혁을 맞지 않을 수 없게 되었다. 우선 지구를 중심으로 하여 운동을 구분하던 운동론이 바뀔 수밖에 없었다. 아리스토텔레스적 운동관의 요점은 운동을 '자연스런 운동(natural motion)'과 '비자연적 운동(violent motion)'으로 나눠 보는 것이다. 자연스런 운동은 무거운 물체가 지구의 중심을 향해 낙하운동을 하고, 가벼운 물체는 위로 올라가는 것을 말한다. 또 천상계의 등속 원운동을 자연스럽다고 보았으며, 이들은 물체 자체의 본성에 의한 운동이라고 보았다. 이상의 세 가지 외의 운동은 모두 힘을 가하는 비자연적 운동이라고 보았으며, 물체의 본성이 아닌 외부로부터의 '운동원인(mover)'의 작용이 있다고 생각했다. 따라서 운동이 계속되려면 운동원인이 계속 작용을 해야 한다. 이는 일상 생활에서 흔히 보는 상황과 잘 맞는 듯이 보인다. 마차를 끌고 가려면 말이 계속 힘을 줘야 하며, 힘을 안 주면 마차도 멈추는 것으로 보아 당연해 보인다.

약간 본론에서 벗어나는 얘기인데, 대학 입시 때 면접고사에서 운동과 힘에 관해 질문해 보면 아리스토텔레스적 운동관을 가지고 있는 학생들이 적지 않음을 본다. 공과 같은 물체를 손으로 던져 올리면 올라가는 동안 계속 밀어 올리는 힘이 있다고 생각하며, 꼭대기에서 정지한 순간에는 아무런 힘이 작용하지 않는다고 생각하는 것이다. 뉴턴의 운동법칙을 배웠음에도 불구하고, 이런 학생들은 여전히 아리스토텔레스적 운동관을 지니고 있는 것이다. 즉 운동하는 물체는 계속 운동원인(힘)의 작용을 받고 있다고 생각한다.

이러한 오류의 원인은 우리가 운동을 사물의 상태의 변화로 보고 있기 때문이다. 물체를 한 곳의 정지 상태에서 다른 곳의 정지 상태로 변화시키는 것을 운동이라 보는 것이다. 뉴턴의 운동관은 이와 달라서 운동도 하나의 상태로 보고 있기 때문에, 운동한다고 해서 어떤 운동원인이 있어야 하는 것이 아니다. 다만 운동 상태의 변화 즉 가속도가 있을 때에만 힘이 필요한 것인데, 이 점이 일상 체험과는 달리 추상적인 것이어서 학생들이 체득하는 데에 어려움이 많다. 중학생에게 가르치기 어려운 개념 중의 하나가 가속도이며, 물리학과에 들어온 대학생까지도 힘과 가속도의 분석을, 상황이 까다로우면, 잘 못한다는 연구 결과도 있을 정도이다.

아리스토텔레스적 운동관을 벗어나는 데 가장 크게 기여한 갈릴레오(G. Galileo, 1564~1642)는 운동의 원인이나 목적 또는 본질에서 운동 자체의 정확한 기술에로 관심을 돌렸다. 먼저 자연스런 운동인 낙하운동의 경우 아리스토텔레스의 주장과는 달리 낙하의 속도가 물체의 무게에 무관함을 보였고, 낙하거리가 낙하시간의 제곱에 비례함($s \propto t^2$)을 발견하였다.

그가 밝힌 주요 개념으로 '관성'을 들 수 있다. 물체는 주어진 속도로 계속 운동을 한다는 생각은 아리스토텔레스적 운동관의 핵심적 요소인 운동 = 상태의 변화를 부정하는 것으로 뉴턴적 운동관으로의 첫 출발이 된다 하겠다. 이외에도 그는 '운동의 상대성'이란 개념을 도입했다. '이는 지구가 하루 한 바퀴 자전운동을 하는데 지상의 사람이 왜 이를 느끼지 못하는가'라는 질문에 대해서 '지구상의 모든 물체는 서로 상대적인 정지 상태'에 있으므로 지구의 운동을 알 수 없다고 했으며, 따라서 운동은 절대적인 것이 아니라 다른 것과의 비교에 의해서만 의미가 있다는 생각에 이른 것이다. 이것 또한 정지와 운동을 절대적 구분으로 여긴 중세적 운동관에서 벗어나는 일이었다.

갈릴레오가 자유낙하의 법칙, 관성의 개념, 운동의 상대성 등 큰 업적을 이루었으나 아리스토텔레스적 운동관을 완전히 탈피한 것은 아니었다. 그의 관성의 개념은 천체적 원운동에 국한된 것으로 자연스런 운동으로서 등속 원운동의 지속이란 생각에 바탕한 것이었다. 또 낙하법칙에서도, 중력이란 외적 작용이 아닌, 물체 자체의 성질에 원인이 있다고 보았으며, 낙하거리와 시간의 관계($s \propto t^2$)도 일반적인 등가속도 운동으로 확장해서 생각하진 못했다. 그에게는 자연스런 운동과 비자연적 운동의 구분이 여전히 남아 있었다. 이러한 갈릴레오의 한계를 극복하고 근대 역학체계의 구축에 한걸음 더 다가서게 한 것은 데카르트(R. Descartes, 1596~1650)의 몫이었다.

데카르트는 관성의 개념을 직선운동에 적용시킴으로써 운동의 관성 원리를 확립했다. 운동량의 개념을 도입하여 충돌현상에서 운동량 보존 법칙을 세우기도 하였다. 그리고 갈릴레오의 역학에는 여전히 구별되는 '자연스런 운동'과 '비자연적 운동'의 구분을 완전히 타파했다. 또한 운동의 상대성을 명확히 수립하여, 절대적인 운동이 있을 수 없게 되었고, '운동'과 '정지'의 구분도 필요 없게 되었다. 따라서 운동하는 물체에는 '운동원인(mover)'이 있어야 한다는 아리스토텔레스적 운동관을 완전히 탈피하게 되었다.

데카르트는 근대역학의 개념적 기초를 다졌다 할지라도 뉴턴의 역학체계에 이르지 못한 개념적 · 기술적 한계를 지니고 있었다. 또한, 등속원운동에 대한 아리스토텔레스적 경향에서 완전히 벗어나지 못했다. 원운동을 여전히 기본적 운동으로 보고, 원운동에서 벗어나 직선운동을 할 때 원심력이 얼마인가에 관심을 기울인 것은, 힘과 가속도의 관계를 아직 몰랐을 뿐 아니라, 원운동의 특별한 지위를 받아들이고 있었던 때문이다. 뉴턴의 역학이 나오기 전에는 운동에 관한 개념들이 모호하거나 적실하지 않아서 혼동을 일으켰었다. 정력학(statics)과 동력학(dynamics)의 명백한 구분이 없었고, '일'과 '힘', '무게'와 '질량' 등의 혼동이 심했던 것으로 알려져 있다. 또한 수학의 적용이 부족해서 정량적 계산이 아닌 정성적(定性的) 논의로 그치는 수가 많았다.

데카르트 및 그의 후계자라 할 수 있는 호이겐스(C. Huygens, 1629~1695)와 라이프니츠(G. Leibnitz, 1646~1716)의 가장 큰 약점은 힘에 대한 오해였다. 그들은 힘을 운동하는 물체가 지닌 어떤 것으로 보았다. 그리고 이 힘은 물체간의 직접적인 접촉에 의해서만 작용이 가능하다고 생각했다. 따라서 충돌 문제가 중요한 문제로 취급되었고, 뉴턴의 만유인력처럼 먼 거리에서 서로 힘을 작용하는 원격작용(action at a distance) 같은 생각은 인정할 수가 없었다.

2. 근대과학의 자연관

1) 데카르트와 기계적 철학

아리스토텔레스적 중세의 자연관에서 뉴턴 역학적 자연관으로의 전환은 단순히 과학적 지식과 기술의 발전으로만 이루어졌던 것은 아니다. 하나의 지식체계에서 다른 체계로의 변혁을 뒷받침하는 사상적 운동 내지는 철학적 성찰이 함께 했었다. 근대과학적 세계관은 '기계적 철학(mechanical philosophy)'으로 특징지어지는데, 이것은 뉴턴 역학이 출현하기 바로 전에 데카르트 시기에 많은 사람들이 주장했던 것으로 특히 데카르트는 이를 가장 근본적으로 논의했고 그것을 바탕으로 전 우주적 지식체계를 수립하려고 했었다. 데카르트의 과학에 관한 구체적인 지식체계는 뉴턴의 역학으로 대체되었으나 그의 기계적 철학은 근대과학을 특징짓는 기본적 사상으로 여겨져 왔다.

데카르트의 기계적 철학의 근본 요소는 물질(matter)과 운동(motion)이다. 그는 이 두 가지야말로 외부세계에서 가장 근본이 되고 절대 확실한 실재라고 보았다. 외부세계의 모든 것이 그 두 가지로 이루어져 있고 그 두 가지로 설명되어야 한다고 보았으며, 이에 바탕하여 외부세계의 모든 물체와 현상을 물질과 그 운동으로 설명하는 자연철학 체계를 세웠다. 이러한 기계적 철학은 모든 자연현상을 물질과 운동으로 환원시키는 것이기 때문에 실험에 의해 검증할 수 있다는 생각을 하게 하며, 기계적 철학은 곧 '실험적 철학(experimental philosophy)'과 같은 말처럼 사용되었다.

기계적 철학과 당시의 종교적 신앙을 접합시키기 위하여 데카르트 등은 기계적 철학의 근본 요소를 신이 만든 것이라고 주장했다. 즉 신이 물질을 창조하고 그것에 운동을 부여했으며, 운동의 법칙도 정해 주었다고 보았다. 이러한 관점은 뉴턴 역시 비슷하게 갖고 있었으며, 이들은 자연의 법칙을 연구함으로써 신의 영광을 드러내는 것이라고 생각했었다. 그러나 근대과학이 정립되고 기술발전과 더불어 과학정신이 대중화됨에 따라 기계적 철학에서 신은 점점 소외되고 기계로써의 자연만 홀로 남게 되는 결과가 되었다. 그래서 근대과학의 기본사상으로서의 기계적 철학은 정신과 물질의 완전한 분리, 정신적인 주체와 물질적인 객체의 완전한 분리라는 기본구조를 과학정신으로 만든 셈이다. 오늘날 근대과학을 반종교적이고, 반생명적이며, 기계적 유물론으로 보는 것은 데카르트나 뉴턴 등 신앙인이며 자연철학자였던 초기 과학자들의 본의와는 거리가 있다고 해야겠다.

데카르트는 그의 기계적 철학에 바탕해서 자연법칙을 사변적으로 찾아내는 작업을 했는데, 운동에 관한 그의 중요한 업적들은 뉴턴 역학의 출현으로 대부분 부정되거나 빛을 잃게 되었다. 흥미롭게도 20세기 물리학의 입장에서 보면, 그의 주장들이 근본적으로는 옳았었고, 다만 시대에 앞질러 너무 일찍 나왔기 때문에 결실을 맺지 못한 것이 아닌가 하는 생각이 든다.

데카르트는 힘의 작용은 반드시 물질간 접촉을 통해서만 가능하다고 보았으며, 따라서 힘의 원격작용(action at a distance)은 있을 수 없다고 했다. 그러나 뉴턴의 만유인력은 원격작용하므로 그의 주장은 부정되고 말았다. 그런데, 아인슈타인의 상대성이론의 결과 힘의 원격작용은 있을 수 없음이 다시 천명되었으며, 따라서 뉴턴의 만유인력법칙은 일반상대론에서 중력장이론으로 대치되었다. 데카르트가 구상했던 미세 입자의 소용돌이(vortex)이론이 부활된 것은 아니지만, 그의 기본사상은 되살아난 셈이다.

데카르트는 진공의 존재를 부인하고, 우주는 물질로 꽉차 있는 '물질공간(plenum)'이라고 주장했다. 외부세계의 모든 공간이 물질로 이루어졌으므로, 물질의 공간적 점유 특성인 '외연(外延, extension)'이 곧 물질이라고 결론지었다. 진공이 아닌 물질로 꽉찬 공간의 개념은 오늘날 양자물리와 상대성이론의 종합이론인 양자장론의 결과와 합치한다.

어떠한 공간도 미세하게 볼수록 물질장의 생성소멸이 더욱 세차게 활동함이 밝혀졌기 때문이다.

그는 힘의 접촉작용에 근거하여 충돌현상을 중요하게 생각하였고, 운동량 보존의 법칙도 주장한 셈인데, 오늘날 소립자 물리현상의 연구는 한마디로 충돌현상의 조사로 요약되며, 여기서 가장 중요한 법칙들은 운동량 보존을 비롯한 몇 가지 보존법칙들이다. 이들 보존법칙들이 $F = ma$ 같은 방정식보다도 더 근원적이고 포괄적인 법칙들임이 밝혀졌으니 데카르트야말로 몇백 년의 시대를 앞서 초근대 물리학을 한 사람이라고 하겠다.

2) 뉴턴 역학

뉴턴(I. Newton, 1642~1727)은 운동의 세 법칙과 만유인력의 법칙을 확립함으로써 근대역학을 정립했다. 그의 저서 『자연철학의 수학적 원리(*Philosophiae Naturalis Principia Mathematica*)』가 출판된 1678년은 코페르니쿠스의 『천체의 궤도들의 회전에 관해서(*De Revolutionibus Orbitum Coelestium*)』(1543년)로부터 비롯된 과학혁명이 완성된 역사적 시점이라 하겠다. 갈릴레오, 케플러, 베이컨, 데카르트, 호이겐스, 라이프니츠 등이 일구어 낸 천문학과 역학의 업적들을 결집했을 뿐만 아니라 이들이 미치지 못했던 힘과 운동의 정확한 개념과 수학적 공식화에 성공함으로써 오늘날의 물리학 교육에서도 고전역학에 관한 한 여전히 근본이 되는 내용을 담고 있는 인류의 위대한 유산이라 하겠다.

운동의 세 법칙 중 제1법칙은 관성의 법칙으로, 갈릴레오와 데카르트에 의해 확립된 내용인데, 이는 운동이 변화를 의미한다고 생각했던 아리스토텔레스적 운동관에서 벗어나 운동과 정지가 다같이 물체의 상태라는 근대적 운동관을 천명하는 법칙이다. 이 법칙은 우리의 일상 경험과는 배치되어 보이기 때문에 과학교육을 받은 학생들까지도 때로는 이 법칙에 어긋나는 생각을 하기 쉽다. 예를 들면 어떤 물체가 계속 운동을 하고 있으면 무엇인가로부터 힘을 계속 받기 때문이 아니냐고 말하는 것과 같은 것이다. 일상 생활에서 자동차나 기차 등이 계속 힘을 엔진으로부터 받아야 일정한 속력으로 달리는 것에서 볼 수 있듯이, 거의 모든 경험 현상은 관성의 법칙과 맞지 않는 것처럼 보인다. 관성의 법칙이 확립되는 데에 오랜 세월이 걸린 까닭은 그 법칙 자체의 어려움 때문이 아니라 우리의 일상성에서 벗어난 이상적 상황이기 때문이다. 즉 마찰력이 없는 이상 상황에서나 가능한 것인데, 이것이 특수 상황의 제한된 예외 규정이 아니라 모든 운동의 기반적 보편 법칙임을 알아 낸 것이 갈릴레오-데카르트-뉴턴의 위대성이라 하겠다.

흔히 제1법칙은 $F = ma$ 라는 제2법칙의 특별한 경우($F = 0$)에 불과하므로 구태여 따로 쓸 필요가 있는가 하는 의문을 제기한다. 이 점에 대해서 뉴턴에게 물어보았다거나, 그의 견해가 담긴 글을 보았다는 기록은 없는 것으로 안다. 따라서 왜 제1법칙을 따로 두었는가에 대한 여러 의견들은 흥미롭기는 하나 아주 설득력 있는 것은 별로 없는 줄로 안다. 제1법칙의 독립성에 관한 필자의 생각을 한두 가지 적어 볼까 하는데, 이는 뉴턴 역학체계를 벗어나 보는 것이므로 단지 독자들의 다양한 생각에 도움이 되었으면 하는 생각에서 써 보는 것이다.

먼저 제1법칙의 독립적 성립 가능성이다. $F = ma$ 라는 제2법칙이 기본 법칙인 뉴턴 역학체계내에서는 이는 특수 상황에 불과하지만, 뉴턴 체계가 성립하지 않는 상황(즉 $F = ma$ 라는 법칙이 성립 안 되는 상황들: 힘이나 가속도 개념이 없는 상황 등이 있을 수 있음)에서도 제1법칙은 성립할 수 있다는 논리적 가능성이 있다. 따라서 제1법칙은 더 보편적 법칙이 될 수 있다. 〔그림 4〕에서 비유적으로 보였듯이 제1법칙이 더 포괄적인 법칙이란 점이다.

예를 들어 제1법칙은 뉴턴 역학이 성립하지 않는 일반상대론적 상황에서도 여전히 의미가 있을 수 있다.

다음으로 관성의 법칙은 "운동은 상태 변화가 아니고 상태 자체이다"라는 초아리스토텔레스적 개념 전환을 의미하는 것이기 때문에, 상태 변

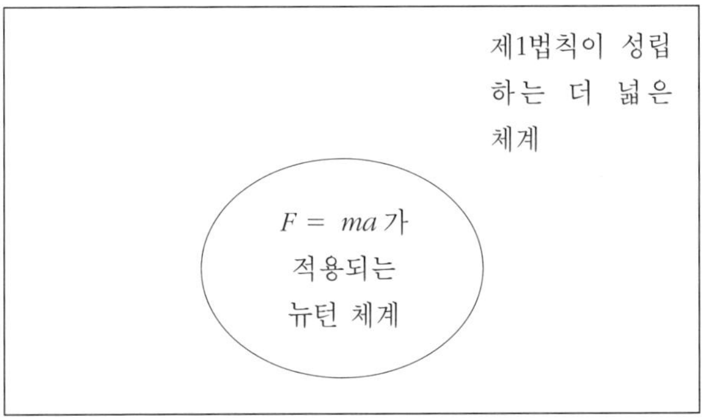

[그림 4] 운동의 제1법칙과 제2법칙의 관계

화에 관한 제2법칙과, 비록 밀접히 연관되어 있지만, 다른 내용이란 점이다. 물체의 상태를 어떻게 기술할 것인가 할 때, '위치와 속도'로 나타내야 한다. 즉, 관성의 법칙에 의하면

상태 = (위치, 속도)

이며, 이 진술 자체가 의미있는 독립된 내용이란 뜻이다. 뉴턴의 제2법칙은

$F = ma \leftrightarrow$ 상태의 시간적 변화 = 힘에 비례

이라는 내용이다. 이들이 서로 관련되어 있으나 독립적인 이유는 제2법칙이 적용되지 않는 일반상대론적 거시세계에서도 상태의 개념은 여전히 유효하다는 것으로 알 수 있다. 그리고 상태의 개념은 약간의 변형을 거쳐 양자역학에서도 유용한 개념이지만, 제2법칙은 성립되지 않는다는 점이다.

뉴턴의 가장 위대한 발견으로, 고전역학의 핵심은 $F = ma$로 알려진 제2법칙이다. 이로 인해 물체의 운동에 관한 동력학적 이해가 사실상

완성되었으며, 일상적인 대부분의 현상에 관한 한 오늘날에도 거의 그대로 사용된다. 이 법칙으로 뉴턴은 달의 운동, 행성들의 궤도, 혜성의 주기 등 태양계내의 천문현상을 모두 설명할 수 있었으며, 조수간만의 차이를 비롯한 지상에서의 역학적 현상을 완벽하게 설명할 수 있었다.

앞에서 설명했듯이 이 법칙은 상태의 시간적 변화를 일으키는 원인이 힘이라는 것을 천명하고 있으며(제1법칙에서 물체의 상태가 운동으로 규정됨) 이를 정량적으로 계산하는 방법을 수식으로 정하고 있고, 운동과 힘의 방향성(벡터)을 취급할 수 있게 하며, 회전운동과 같이 힘의 방향과 운동방향이 다른 경우를 직선운동과 마찬가지로 다룰 수 있게 한다. 이 법칙을 도식적으로 나타내면 다음과 같다.

시간에 따른 상태의 변화를 계산할 수 있다는 것은 다른 측면에서 보면 현재의 상태를 알면 미래의 상태를 알 수 있다는 예측능력을 의미하고, 이것은 바로 과학의 실용적 활용성을 제시하여 서구 과학기술의 폭발적 발달의 원천이 되었던 것이다. 다른 한편으로는 현재 세계의 상태에 의해서 미래는 완전히 결정된다는 결정론적 세계관이 도출된다는 점이다. 이를 가장 적실하게 드러낸 사람이 프랑스의 수학 및 물리학자 라플라스(M. Laplace, 1749~1827)이다. 그는 현재의 상태, 즉 초기 조건을 완전히 알 수 있다면 운동방정식을 정확히 풀어 냄으로써 과거와 미래의 모든 상태를 계산해 낼 수 있다고 말했다. 예컨대 오늘 태양과 행성들의 위치와 속도를 알면 뉴턴의 법칙을 써서 과거나 미래의 태양계의 상태를 알아 낼 수 있다는 것이다. 이 정도의 결정론은 매우 그럴 듯하지만, 라플라스는 인간의 행동을 포함한 모든 현상까지도 과학적 법

칙에 의해 완전히 결정되었다고 확장된 생각을 했었다. 오늘날의 과학의 입장에서 볼 때 라플라스가 근거했던 과학법칙들은 정당성을 잃었지만, 과학적 법칙에 의해 과거, 현재, 미래가 결정되었다고 하는 기본적 틀은 여전히 유효한 관점이다. 이러한 자연관은 인간의 자유의지, 결정론과 신의 능력, 유물론과 유심론 등 철학적 논란의 대상이 되어 왔으며, 단순 명쾌한 해답이 있을 수가 없는 많은 의문을 갖게 한다.

제2법칙의 중요한 요소는 힘(F)인데, 이 법칙은 힘과 상태의 변화의 관계만을 말할 뿐 힘 자체에 대해서는 아무런 규정을 주지 않고 있다. 제3법칙은 이 힘이 갖는 일반적 성격으로서, 작용과 그 반작용이 늘 반대의 짝을 이루고 있음을 밝히고 있다. 그렇다면 구체적인 힘에는 무엇이 있는가 하고 물으면, 용수철의 힘, 마찰의 힘, 바람의 힘, 증기기관의 힘 등 자연에 나타나는 여러 가지 힘들이 있다고 대답하겠는데, 뉴턴 시대에는 이들 힘이 어떤 방식으로 나타나는지 알지 못했었다. 뉴턴 역학 이후의 물리학의 발달은 이 힘들의 성격을 규명하는 일이 주류였다고 볼 수 있으며, 오늘날까지 알려진 바로는 이 힘은 전기력, 약한 핵력, 강한 핵력과 중력이라는 4종의 기본적인 양태로 분류된다.

이들 중 중력의 존재는 뉴턴 이전 오래 전부터 잘 알려져 있었던 것인데, 뉴턴이 그 기본 법칙을 밝혀 '만유인력의 법칙'으로 사과나무의 일화와 함께 널리 유명해졌다. 그는 이를 운동법칙과 결합하여 달과 행성들의 운동을 정확히 계산해 보임으로써 코페르니쿠스, 케플러, 갈릴레오가 부분적으로 성취했던 업적들을 결집하고, 통일된 법칙으로 묶어낼 수 있었다. 흥미있는 점은 데카르트나 라이프니츠 등도 중력에 관한 연구를 했으나 운동의 상대성이라는 철학적 관점에 바탕하여 힘의 원격작용(action at a distance)을 거부했기 때문에 중력의 장론적 특성을 살리려 했다는 점이다. 이들은 실패했고, 뉴턴은 크게 성공했으나, 아인슈타인의 상대론에 의해 중력의 장론화가 이루어지고 뉴턴의 만유인력은 근사적 법칙으로만 인정받게 되었으니 역사적 아이러니라 하겠다. 앞으로 또 어떤 관점의 변화가 일어날지 누가 상상이라도 할 수 있겠는

가. 전기력과 핵력 등은 중력에 비해 훨씬 나중에 알려졌지만, 양자역학적 관점에서 이들은 아주 잘 이해되고 있는 데 비하여 중력은 아주 어려운 문제로 남아 있으며 21세기 물리학의 가장 깊은 연구 과제로 넘겨질 상황이다. 우리의 일상생활에서 가장 친근한 힘이면서 가장 신비로운 것이 중력이라 하겠다.

3) 빛, 전기, 열

뉴턴 역학은 천체의 운동은 물론 바람이나 물의 흐름 같은 유체의 운동, 바다의 파도나 소리 같은 파동의 전파 등 거의 모든 현상을 계산하고 설명할 수 있는 것처럼 보였으며, 따라서 무엇이든지 뉴턴의 역학적 개념으로 이해하려고 시도하는 것은 당연한 일이었다. 뉴턴 자신은 역학과 함께 광학의 연구도 많이 했는데, 빛을 작은 미립자의 흐름으로 보아 역학적 광학이론을 주장했었다.

빛의 본성이 역학적 입자인가 아니면 파동인가 하는 문제는 오랜 세월이 흐른 후 19세기에 영(T. Young, 1773~1829)이 빛의 간섭효과를 찾아 냄으로써 파동으로 굳어지게 되었고, 따라서 뉴턴 역학체계 밖의 현상임이 차차 드러나기 시작했다. 이후 전자기의 이론이 맥스웰(J. Maxwell, 1831~1879)에 의해 확립되면서 빛이 전자기장의 파동이란 사실이 밝혀졌다. 그러나 이때까지도 뉴턴 역학이 위세를 떨치고 있었기 때문에 전자기장의 파동이 전파해 나갈 매질이 무엇인가를 찾는 일이 큰 과제였다. 이는 소리의 파동이 공기를 매질로 하여 전파하고, 파도는 물을 매질로 하여 존재하는 것과 같이 빛도 매질을 필요로 한다고 생각되었던 것이며, 이 가상적 매질을 '에텔'이라 불렀었다. 이것은 뉴턴 역학적 세계관에 있기 때문에 요청되는 관념적 존재에 불과하며, 더 넓은 자연관을 획득함으로써 파동의 역학적 매질이 불필요한 존재임을 후에 알게 되었다.

전기와 자기도 고대 희랍시대부터 이미 알려져 온 현상이었지만 18세기에 이르러서야 근대 과학적 연구가 시작되었고, 19세기에 맥스웰에 의하여 '전자기장론'으로 정립되기에 이르렀다. 이 이론이 정립됨으로써 전기와 자기라는 전혀 달라 보이는 현상이 근원적으로 하나임이 밝혀졌고, 나아가 앞에서 말한 바와 같이 빛은 전자기 현상의 일부임까지 알게 되었다. 전자기장론에는 뉴턴 역학체계에는 없는 중요한 새로운 개념이 들어왔는데 장(場, field, 마당)이란 개념으로, 패러데이(M. Faraday, 1791~1867)가 처음 도입했으며 맥스웰에 의해 수학적 이론화가 되었다. 뉴턴 역학에서는 물체의 운동 또는 물질입자의 상태를 다루는 것인데, 입자는 공간상의 작은 영역을 점유하는 것이다. 이에 반해 '장'은 공간에 연속적으로 분포되어 있으며, 동력학적 변화를 '장방정식'으로 기술하게 되어 있다.

오늘날엔 모든 물질현상은 기본적으로 장으로 구성되었다고 보며, 전기장, 자기장, 중력장 등과 같이 여러 종류의 장이 있다고 본다. 패러데이와 맥스웰이 장의 개념을 처음 도입했지만 이들은 이 개념의 핵심적 위치를 인식하진 못했었고, 따라서 전기장과 자기장을 뉴턴 역학적 개념에서 유도하고 이해하려고 노력했었다. 무엇이든지 뉴턴의 체계로 환원시키지 못하면 근본적 이해가 되지 않은 것이라고 생각했기 때문이다. 이런 역학적 사고에 집착하고 있었기 때문에 에텔이란 개념도 나왔었고, 전자기장이 제시하는 새로운 시공간관 등을 바로 인식하지 못하기도 하였다.

빛과 전기가 뉴턴 역학체계 밖의 현상임과 같이 열현상도 역시 뉴턴 체계에 포함될 수 없는 측면이 있다. 뉴턴 역학과는 별도로 산업혁명에 따른 열기관들의 발달에 따라 열역학 법칙이 점차로 형성되기 시작했는데, 이것은 뉴턴의 운동법칙과는 별개의 법칙이다. 뉴턴 역학이 근사적 법칙으로 내려앉은 오늘날에도 열역학 법칙은 여전히 중요한 자연의 법칙으로 건재하고 있다. 이 법칙들은 다음 두 가지로 요약된다.

열역학 제1법칙 =	에너지 보존의 법칙(열은 에너지의 일종이며, 열을 포함한 모든 에너지의 합은 항상 일정하게 보존된다.)
열역학 제2법칙 =	엔트로피 증가의 법칙

이 두 가지 법칙은 현대 물리학에서도 가장 중요한 법칙으로 여겨지고 있으므로 자세히 설명을 할까 한다. 에너지 보존 법칙이란 에너지는 만들거나 없앨 수가 없으며〔불생불멸(不生不滅)〕, 늘거나 줄지 않는다〔부증불감(不增不減)〕라는 뜻이다. 에너지는 그 형태는 다양해서 전기에너지, 빛에너지, 열에너지, 운동에너지 등 각양 각색으로 나타나며 변해 가지만 결코 없던 것이 생겨나거나 있던 것이 사라지는 일은 없다. 그렇다면 휘발유를 태워 열과 배기가스를 방출하며 자동차를 몰고 가는데, 이 배기가스를 다시 모아 연료로 만들어 쓰면 어떨까 하는 의문이 난다. 에너지의 총량은 불변이니까 배기가스의 에너지도 역시 연료로 쓸 수 있지 않겠는가 하는 생각이다.

이러한 의문에 대해서 그럴 수 없다고 말해 주는 것이 열역학 제2법칙이다. 휘발유의 에너지와 배기가스의 에너지가 양적으로 같은 경우라 할지라도 질적 차이가 있기 때문에 배기가스는 자동차 엔진용으로는 다시 쓸 수가 없다는 것이다. 에너지가 형태를 변해 갈 때 그 양은 불변이지만 질적인 변화는 있게 마련이다. 쉽게 말하면 휘발유가 타 버린 배기가스는 휘발유와 같은 물질적 성분과 에너지를 갖고 있지만 휘발유가 갖고 있는 일할 잠재적 능력이 없어진, 말하자면 무능한 에너지로 떨어진 셈이다. 이렇게 에너지가 무능해지는 것을 열역학적으로 엔트로피가 증가했다고 말하는데, 엔트로피의 증가는 에너지의 질이 떨어졌음을 의미한다. 좀 어렵지만 사실에 가깝게 말하면 '엔트로피의 증가는 물리계가 갖고 있는 질서의 정도가 떨어진 것'을 의미한다. 즉 무질서한 에너지는 질이 낮은 에너지로서 일할 능력이 떨어진다는 것이다. 열역학 제

2법칙에 의하면 이 세상 현상은 변화가 일어날 때마다 총체적 엔트로피가 증가하는 방향으로 일어난다는 것이니까, 달리 말하면 이 세상은 점점 무질서해지는 방향으로 진행한다고 말할 수 있겠다.

증기기관을 비롯한 열기관의 발명과 발달은 뉴턴의 과학혁명과는 별도로 산업 기술적 측면에서 이루어진 것이지만 19세기에 와서는 물리학의 한 분야로서 열역학이 성립되게 되었다. 그러나 열현상의 본질과 그 법칙은 뉴턴 역학체계에서는 이해될 수 없는 문제였는데 그 이유는 물질의 구조 즉 원자적 구성에 대한 이해가 선행되어야만 했기 때문이다. 뉴턴 역학과 원자적 물질구성을 고려하면 열역학을 통계물리학적으로 재구성할 수 있는데 이를 고전통계역학이라 부르며 뉴턴 물리학 체계의 범위에 넣게 되지만, 원자의 본성이 뉴턴 체계 밖에 있기 때문에 열현상을 고전물리학으로는 이해할 수 없는 면이 있다. 역사적으로 뉴턴 체계를 깨는 양자역학의 개념이 처음 들어오게 되는 현상이 바로 대표적 열현상이라 할 수 있는 뜨거운 물체가 내는 열과 빛의 스펙트럼 분석이었다는 것이 이를 보여 준다.

뉴턴 역학은 근대과학을 정립한 과학의 전형으로서 한동안 자연의 절대적 진리로 오해되었으며, 사람들은 이를 역학적 현상뿐만 아니라 빛, 전기, 열 현상 등 새로운 영역에까지 광범위하게 적용하는 무리를 범하기도 했다. 이 현상들을 깊이 연구해 감에 따라 점점 뉴턴 역학의 한계가 드러나기 시작했으며 20세기에 들어 상대론과 양자역학이라는 물리학 혁명으로 이어지게 되었다. 상대론과 양자역학의 소개에 앞서 고전역학적 자연관을 간략히 간추려 보기로 하겠다.

4) 고전역학의 자연철학

뉴턴 역학으로 대표되는 고전물리학적 자연관은 그 기본 철학에 있어서는 데카르트의 기계적 철학을 그대로 유지해 왔다. 이 철학은 정신과 물질의 완전한 분리를 대전제로 삼고 있으며, 따라서 인식의 주체와 객체는 상호 독립적인 존재로서 활동을 한다. 물질적 현상은 기계처럼 작동하는 실체로서 이들의 동작원리는 자연에 이미 있는 (혹은 신에 의해서 주어진) 법칙으로 인간은 객관적 자연을 관찰 또는 실험함으로써 이를 찾을 수 있다. 이 법칙을 알아 내는 방법은 대상을 작게 나누어 단순한 구성요소를 찾고, 이 기본요소들의 성질을 찾는 것이 자연의 근본원리에 접근한다고 보는 환원주의적 사고 또는 원자철학에 바탕한다. 말하자면, 자연은 하나의 큰 기계이므로 이 기계를 부품들로 분해하여 법칙을 찾는다는 방식이다.

물질현상의 객관적 실재와 기계적 동작과 분해를 전제하면, 자연스럽게 이 기계의 미래 상태까지도 다 법칙에 따라 결정되고, 예측도 가능하다는 생각에 이르게 된다. 근대과학에서는 뉴턴 방정식과 맥스웰 방정식을 풀 수만 있다면 어떠한 경우라 할지라도 미리 다 알아볼 수 있을 것이라고 암암리에 가정하고 있었다. 물론 실제 상황은 너무 복잡하여 엄두를 낼 수 없는 일이지만 원칙적으로는 할 수 있다고 본 것이다. 이러한 결정론적 기계철학을 무생물이나 천체에만 적용하는 것이 아니라 식물, 동물 나아가 인간에게까지 적용할 때 엄청난 오류에 이를 수 있다는 것을 오늘날의 지구 환경문제와 생명공학의 윤리문제가 잘 말해 주고 있다. 다행히 과학은 20세기 초에 이미 이러한 과학철학의 단순성과 오류를 밝힐 수 있는 혁명적 발전을 했기 때문에 자연과 생명에 관한 근대 과학적 기계관에서 어느 정도 벗어날 수 있게 되었다.

자연현상 인식의 핵심적 요소로 물질 외에 시간과 공간이 있는데 시간과 공간의 본성에 대해서는 과학자와 철학자가 공히 깊은 관심을 갖고 있는 바이다. 뉴턴 역학체계는 시간의 실재성과 공간의 실재성을 전제하며 이 둘은 서로 독립적이며 우리들이 보통 경험하는 시간과 공간의 특성을 그대로 사용한다. 특히 관찰자인 인간의 운동과는 독립적으로 실재하는 시간과 공간을 절대 시간, 절대 공간이라 한다. 이러한 절대적 시간과 공간에 대해서 관찰자의 운동상태에 따라 달라지는 상대적 시간과 공간을 라이프니츠가 줄기차게 주장을 했지만 뉴턴 역학과 맞지 않기 때문에 받아들여지지 않았었다. 이것은 전자기학의 발달이 있은 연후에 비로소 절대적 시공간의 문제가 드러나기 때문에 좀더 세월을 기다려야 하는 생각이었다. 이제 아인슈타인이 어떻게 상대적 시공간을 밝히게 되었는지 알아보자.

3. 상대성이론

1) 특수 상대론적 시공간

아인슈타인(A. Einstein, 1879~1955)이 상대성이론을 확립하는 데 기반이 된 이론은 맥스웰의 전자기장 방정식이었다. 전자기장의 파동이 곧 빛이라는 것을 맥스웰이 밝힌 바 있었는데, 이 이론에 의할 것 같으면 '정지한 빛'이 있을 수 없고 결과적으로 빛의 속력은 누구에게나 일정할 수밖에 없다. 이 사실을 처음 밝혔고 그 중요성을 알아낸 것이 아인슈타인이었으며, 이를 '광속 일정의 원리'로 잡아 상대성이론의 출발점을 삼았다. 그는 갈릴레오, 데카르트, 라이프니츠 등이 주장해 오던 '운동의 상대성 원리'와 광속 일정의 원리를 결합함으로써 상대적 시공간관을 이끌어 내고, 뉴턴의 역학체계를 뿌리부터 흔드는 과학혁명을 주도하였다.

뉴턴 역학체계에서는 1차원의 절대 시간과 3차원의 절대 공간이 서로 독립된 실재로 존재한다고 보았다. 특수상대론에서는 시간과 공간을 분리해서 볼 수 없는 하나의 4차원 연속체로 파악하며, 보는 사람(관찰자)의 운동 상태에 따라 시간과 공간이 섞여 보이고 달리 보이는 상대적 시공간이 제시된다. 그러므로 물체의 길이가 관찰자에 따라 달라지고, 시간의 흐름도 관찰자에 따라 달라지며, 인간의 나이도 운동하기에 따라 달리 먹는다는 도무지 믿어지지 않는 얘기들이 나온다.

4차원 시공간이라 하면 우리의 현실과 다른 특별히 신비한 세계인가

하고 상상하기 쉬운데, 우리가 살아가고 있는 보통의 일상 그대로가 4차원 시공간이다. 4차원이란 앞뒤, 좌우, 상하의 세 방향성(3차원)과 시간적 과거-현재-미래의 방향(1차원)을 합해서 하나로 본다는 뜻에 불과하므로 우리의 일상사 그대로이다. 그런데 어째서 시간이 늘어나고 길이가 짧아지는 일이 있을 수 있는가?

이를 이해하기 위하여 우리의 평소 사고 습관을 바꿔야 할 것이 하나 있다. 이 세상은 물체들로 구성되어 있고, 이 물체들이 시간에 따라 공간상에서 운동도 하고 부딪치기도 하고 변하기도 하는 것이라고 생각하는 것이 상식이다. 좀더 추상해서 말하면 세상의 구성요소는 물체이고, 물체들의 만남이라는 사건이 시간과 공간상에서 이루어진다고 하겠다. 즉 물체들이 존재하고 이것들이 일으키는 사건의 집합이 세상이다. 이를 '물체 중심의 사고'라고 부르자. 물체는 3차원 공간상의 존재이며, 운동할 수도 있고, 부서질 수도 있고, 충돌할 수 있는 등 여러 변화의 주체인데, 이런 변화를 요약하면 '사건'을 통해서 이루어진다. 그런데 '사건'은 물체가 만나는 시간과 공간적 위치가 정해져야 하므로 4차원적 표현(시간, 위치)이 요구된다. 다시 요약하면,

세계 = ┌ 물체(기본 구성요소, 3차원 공간상 위치 점유)의 집합
　　　　│ ↓
　　　　└ 사건(물체가 일으키는 부차적 현상, 4차원적 표현)

고전역학적 세계관은 이러한 '물체 중심의 사고'에 바탕하고 있다. 상대성 이론을 이해하려면 이것을 바꿔야 한다. 먼저 요약 제시하면 다음과 같이 '사건 중심의 사고'로 전환해야 한다.

세계 = ┌ 사건(4차원 시공간을 구성하는 점, 기본요소)의 집합
　　　　│ ↓
　　　　└ 물체(특정한 사건의 연속을 물체로 인식, 생멸함)

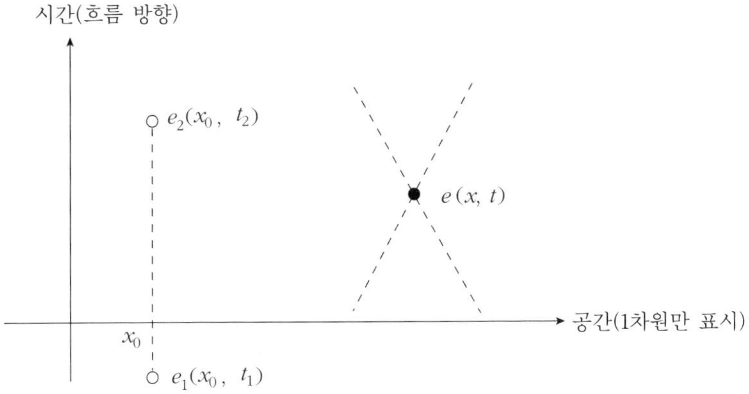

[그림 5] 사건의 시공간 그래프

이에 따르면 세상에 물체가 실재해서 사건을 만드는 것이 아니고 이 세계는 찰나생 찰나멸의 사건들의(어떤 실체가 아님) 집합인데, 특정한 사건의 집합을 물체로 인식하고 상존하는 것으로 오해하고 있다는 견해이다. 이를 그래프로 예를 들어 보면 〔그림 5〕와 같다.

일련의 사건이 x_0에서 시간 t_1부터 시간 t_2까지 계속 일어나면, 우리는 "어떤 존재가 시간 t_1에 생하여 있다가 시간 t_2에 멸했다"고 파악하게 된다. 일상적 예로 텔레비전 화면상의 한 점에 밝은 점이 얼마간 있다가 사라지면, 사실은 그 점에서 빛이 발생되는 사건이 계속 일어나고 있는 것인데, 밝은 점이 생겨〔生〕 있다가〔住〕 멸〔滅〕하는 것으로 보게 된다.

다른 예로 시간에 따라 오른쪽으로 이동하면서 계속 사건이 일어나면 마치 어떤 물체 같은 것이 진행해 가는 것으로 착각하게 된다. 오른쪽으로 가는 것과 왼쪽으로 가는 것이 한 점〔그림의 사건 $e(x, t)$〕에서 만나면 마치 둘이 충돌한 것으로 보인다.

이와 같이 찰나생 찰나멸하는 사건들이 위치를 바꾸면서 계속 일어나면 마치 물체들이 운동하고 부딪치고 변하고 하는 모양이 된다. 즉, 물체들의 생기고〔生〕, 존재하고〔住〕, 운동하거나 변하고〔異〕, 없어지는〔滅〕 것처럼 되는데, 실은 공간상의 각 점에서 사건들이 계속적으로 일어나고 있는 것이지 어떤 실체가 이동하고 있는 것은 아니다. 이를 글자 그대로 보여 주는 것이 전광판과 텔레비전 화면이다. 화면상의 각 점에서 빠른 속도로 빛이 나왔다 안 나왔다 할 뿐인데, 우리의 눈에는 여러 가지 존재들이 생주이멸의 만물상을 만드는 것처럼 보인다. 텔레비전뿐만 아니라 이 세계도 역시 시공간상의 찰나생 찰나멸의 사건들의 집합일 뿐인데, 여기서 온갖 물체와 산천 경계를 보는 것은 우리들의 인식체계의 구성작용 때문이다.

우리가 물체라는 실체를 전제하므로 길이가 줄어든다거나, 수명이 늘어난다면 매우 이상하게 여겨지는 것이다. 오직 사건들이 기본이며, 두 사건간의 거리나 시간은 관찰자의 운동 상태에 따라 달라진다 하면, 별로 충격스러울 것도 없고 이해 못할 일도 아니라고 생각될 것이다. 그래도 사람이 우주여행을 하고 돌아왔을 때 지상의 동료보다 훨씬 젊게 된다면 여전히 고개를 갸우뚱하지 않을 수 없을 것이다. 그만큼 물체의 실체적 관념을 벗어나기 어렵다. 인간의 몸이 수많은 사건들의 집합체(물론 인과적 관련으로 서로 묶여 있는 사건들이지만)에 불과하며 몸이라는 실체가 있는 것이 아니라 하든가, 사람의 몸이나 텔레비전 화면의 사람이나 기본적으로 허망성에 있어서 같다든가 하는 것은 머리로 이해되어도 느낌으로 실감하기는 어려운 것이 당연하다 하겠다.

다시 한번 더 요약 강조하면 상대성이론의 세계관에서는 물체나 인간의 몸과 같이 실체라고 여겨지는 존재들이 세계의 근본적 구성요소라고 보지 않고, 대신에 찰나생 찰나멸하는 시공간의 각 점(사건)의 집합으로 이 세계를 파악하며, 이 사건들이 인과적으로 함께 계속 일어나면 이것을 물체의 존재(생주이멸)로 오인한다는 것이다. 길이가 짧아진다거나 시간이 더디게 갈 수 있다는 등의 오해는 물체적 일상사고와 결합되어 혼란을 일으키지만, '두 사건간의 길이', '두 사건간의 시간'과 같이 사건 중심의 언어로 생각을 할 수 있게 되면 하등의 모순이나 혼란이 오지 않는다. 지구에서 17만 광년이나 멀리 있는 별에 빛처럼 빠른 로켓으로 여행을 다녀온 사람은 지상에서 보면 34만 년이나 걸려 다녀

오겠으나 여행 당사자는 단 몇 년의 우주 항해에 불과할 수 있다. 이 진술이 황당한 것처럼 생각되는 이유는 우리가 평소에 인간 몸의 실체성을 그만큼 굳게 믿고 있기 때문이다. 인간의 몸이 시공간상의 점들(사건들)의 인과적 집합체에 불과하다고 보기 시작하면 새로운 눈이 뜨이게 될 것이다. 상대적 시공간관을 이해한다는 것은 우리의 평소 관념에 대한 철저한 반성을 요하는 것이기도 하다.

2) 특수 상대론적 물리학

아인슈타인이 상대성이론의 아이디어를 얻어 완성할 수 있었던 것은 그 전에 전자기장 이론이 맥스웰 방정식으로 정립되었던 때문이다. 맥스웰 방정식으로부터 다음과 같은 두 가지 원리가 추출되었다.

P1: 빛은 전자기장의 파동이며, 정지한 전자기파는 있을 수 없으며, 전자기파의 속력은 모든 관찰자에게 일정하게 보인다.(광속 일정의 원리)

P2: 전자기 현상도 상대성 원리를 만족시킨다.(뉴턴 역학이 상대성 원리를 만족시킨다는 점을 유의할 필요가 있다.)

문제는 광속 일정의 원리가 뉴턴 역학의 시공간과 상호 모순된다는 점에 있었다. 요점은 간명하다. 뉴턴의 시공간에서는 "모든 관찰자에게 시간이 일정하게 흐른다"가 핵심 원리인데, 전자기학에서는 "모든 관찰자에게 광속이 일정하다"로 바뀌었는데 이 둘은 하나가 맞으면 다른 것은 틀릴 수밖에 없는 관계이기 때문이다.

그러므로 아인슈타인의 상대성 이론에서는 맥스웰의 전자기학은 모체이론으로서 그대로 성립하고, 뉴턴의 역학은 틀렸으므로 고칠 수밖에 없다. 상대론적 역학으로 고치는 작업은 그렇게 어려운 일은 아니다. 그러나 그 내용에는 엄청난 큰 변화들이 있다. 그 중 가장 잘 알려진 것이 에너지-질량 등가 법칙

$$E = mc^2$$

이다. 뉴턴 역학에서는 질량은 질량대로, 에너지는 에너지대로 따로따로 보존되는 별개의 양이었으며, 물질은 무엇인가 실체를 대변하는 것으로 생각되었다. 앞서 시공간에서도 물체의 실재성보다는 추상적 사건을 기본으로 보아야 하듯이, 여기서도 물질의 실재성이라는 감각적 집착에서 벗어나 물질도 에너지라는 추상적 개념의 한 나타남에 불과함을 인식하도록 해야 한다. 이 등가공식의 구체적 응용이 원자력발전과 핵무기 형태로 우리에게 가장 큰 문제로 등장돼 있음은 주지의 사실인데, 과학의 발전으로 물질이 개벽되었음에도 불구하고 도덕과 의식의 발달이 따라잡지 못하기 때문에 인류 존망의 위기를 당하고 있는 것이다. 물질 개벽에 걸맞은 정신 개벽이 함께 있어야 하겠다.

전문 기술적 측면에서 뉴턴 역학을 상대론적 역학으로 수정하면 시간과 공간이 통합되듯이 물체의 에너지와 운동량이 통합되는데, 에너지와 운동량 개념은 라이프니츠와 데카르트가 처음 도입했던 개념이란 점을 상기할 때 그들의 철학인 상대적 운동과 시공간이 되살아나면서 이 두 개념이 역학의 핵심적 개념으로 떠오르게 됐다는 것은 흥미있는 점이라 하겠다.

3) 일반 상대론

상대성이론과 뉴턴 역학체계간의 불일치 중의 또 하나의 큰 분야는 만유인력이었다. 데카르트는 만유인력과 같은 원격작용하는 힘은 있을 수 없다고 주장했는데, 이제 상대성 이론은 철학적 이유뿐만 아니라 물리학적 이유로도 데카르트의 주장이 옳다고 말해 준다. 아인슈타인은 십여 년간 이 문제를 고심 끝에 해결하여 중력장이론을 정립했는데 이를 일반 상대성이론이라 한다.

상대성이론에 의하면 이 세상 그 어느 것도 빛보다 빨리 달릴 수는 없으므로 만유인력(중력)도 순간적으로 멀리 영향을 미칠 수 없으며, 따라서 뉴턴의 이론은 수정이 불가피하다. 예를 들어 지구와 태양간의 거리는 광속으로 약 8분 걸리는 거리인데, 가상적으로 지구가 순간적인 폭발을 해 사라졌다 해도 태양이 지구로부터 받는 그 만유인력의 변화가 생기는 데에는 적어도 8분은 걸려야 하는데, 뉴턴의 이론대로라면 즉각 이 변화를 느낀다고 되어 있기 때문이다.

아인슈타인이 밝힌 놀라운 사실은 태양이 지구에 중력을 미치는 것은 태양 주위의 시공간을 휘어지게 함으로써 된다는 것이다. 그 이전까지는 시공간은 평평한 배경으로서 사물의 운동에 영향을 미치지도 않고, 또 사물로부터 영향을 받지도 않는 불활성의 존재로만 여겨졌었다. 일반 상대론에서는 시공간과 사물이 함께 동력학체계의 구성요소로 상호작용을 하는 것으로 바뀌었다. 시공간이 휘어 있으면 물체가 힘(중력)을 받는 것처럼 운동하고, 물체가 존재하면 시공간은 휘어지는데, 이를 기술하는 방정식을 아인슈타인의 중력장 방정식이라 한다. 뉴턴의 만유인력 법칙은 아주 약한 중력장에서 근사적으로 성립한다.

태양계에서는 아인슈타인 이론이나 뉴턴 이론이나 거의 구분이 안 갈 정도이지만, 정밀실험 관측을 하면 그 차이를 볼 수 있다. 태양 주위를 지나가는 빛의 경로가 휘어지는 것은 일식 때 태양 부근의 별의 위치를 측정하여 확인하였다. 태양 가까이를 도는 수성의 궤도주기도 정밀측정하여 아인슈타인 이론이 맞는 것이 확인되었다. 또 하나 중력이 강한 곳에서는 시간의 흐름이 느려지는데 이것도 뫼스바우어 효과(Mössbauer effect)라는 초정밀 핵물리 실험을 통해 지상에서 확인되었다.

아인슈타인 이론이 본격적으로 드러나는 것은 중력장이 아주 센 현상에서이다. 중성자별이나 거대한 은하에서는 일반상대론 효과가 뚜렷해진다. 특히 '검은 별(black hole)'은 아주 큰 별이 중력장이 너무 세어서 붕괴하여 생기는 것으로 빛조차 이곳에선 빠져 나오지 못하므로 보이지 않게 되어 '검은 별'이라 부른다. 아무 것도 빠져 나오지 못하고 오직 빨아들이기만 하므로 우주 여행시 검은 별에 빠지면 어떠한 방법으로도 빠져나올 수 없으며 결국은 중앙으로 빨려들어 파멸된다. 이 검은 별 주위는 중력장이 너무 세어서 시간도 거의 흐르지 않는 경계가 있는데 이를 검은 별의 지평선이라 부른다. 이곳에 빠지지 말고 지평선 바깥 가까이에 머물 수만 있다면 몇백 년의 긴 휴가를 보내는 것도 가능할 것이다. 물론 본인은 잠깐 지내고 온 것으로 생각되겠지만, 돌아오면 지상엔 긴 세월이 흘러 있게 된다는 뜻이다.

뉴턴 이론으로는 다룰 수 없는 문제가 우주 전체에 관한 문제였다. 뉴턴적 시공간과 만유인력 체계는 우주를 무한히 펼쳐진 공간으로 상상하고, 별들이 유한한 지역에 분포되었다고 보거나 또는 무한히 멀리 펼쳐 있다고 상상할 수 있는데, 그 어느 경우에나 모순된 결과에 이르게 된다. 이 점은 뉴턴 자신도 이미 알고 있었다. 아인슈타인 이론이 나오면서 우주론은 비로소 수학물리의 연구 대상이 되었으며, 우주의 팽창과 대폭발 모형, 급팽창 이론 등 현대 물리학의 활발한 연구분야로 되었다. 우주론에 대해서는 다음에 상세히 다루겠다.

4. 양자론

1) 이중성(Duality)

세상의 자연현상을 둘러보면 물체들로 이루어졌다는 것, 그리고 이 물체들은 다양한 형태이지만 물질이라는 요소로 되어 있다는 것을 알 수 있다. 그래서 세상의 구성요소는 물질입자라고 할 수 있다. 현상이 복잡하게 보이는 것은 물질입자들의 결합과 운동변화 때문인데, 이것은 뉴턴의 운동법칙(또는 상대론적으로 수정된 법칙)으로 계산하고 예측하고 이해할 수 있다.

위의 견해를 '입자적 물질관'이라 부를 수 있겠으며, 이 세상 모든 것을 입자로 구성되었다고 보는 것인데, 이 견해가 불완전함은 빛이 입자가 아니라는 것으로 알 수 있었다. 처음에는 빛을 입자적 관점으로 이해하려 했으나 맥스웰의 전자기장 이론에서 빛이 전자기의 파동임이 분명

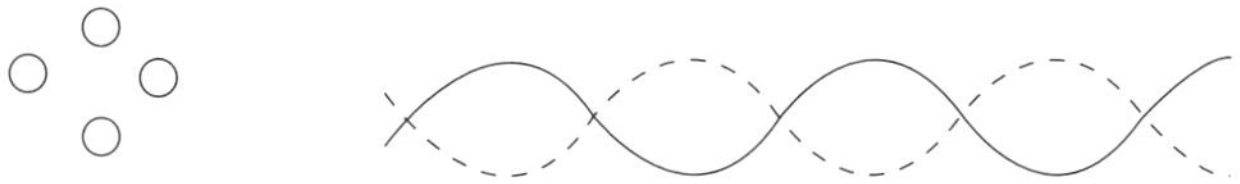

[그림 6] 입자와 파동

해지자 빛은 입자성이 아닌 파동성 존재로 굳어졌다. 그러므로 '세상의 모든 것은 입자나 파동으로 구성된 것이다'는 관점이 성립되었다.

여기서 입자와 파동은 상호 배타적인 개념임을 이해할 필요가 있다. 입자는 〔그림 6〕과 같이 하나씩 떼어 낱개로 셀 수 있으며, 일정한 공간을 차지하여 다른 입자와 같은 자리에 있을 수 없는 성질이 있다. 반면에 파동은 공간상에 퍼져 있으며, 두 개 이상의 파동이 얼마든지 겹쳐서 지나갈 수 있다. 이렇게 서로 반대되는 개념을 구현하기 때문에 어떤 존재가 입자이면 파동일 수 없고, 반대로 파동이면 입자일 수 없는 것이다. X라는 모르는 존재가 어느 것인지 알려면, 실험관측을 해 보아 낱개로 셀 수 있거나 부딪쳐 충돌하면 입자이고, 서로 겹쳐져서 상쇄나 상승이 일어나면 파동이라고 결론지을 수 있다.

20세기 초에 미세한 원자나 전자 등을 탐구하게 되면서 사람들을 곤혹스럽게 하는 현상들이 나타나기 시작하였다. 예를 들어 뢴트겐(W. Roentgen, 1845~1923)의 X-선은 파장이 짧은 빛이므로 당연히 파동적 성질을 보이지만, 한편 전자와 충돌하면 입자처럼 행동하고, 낱낱이 수를 셀 수도 있어서 틀림없이 알갱이로서의 특성을 갖고 있다. 이와 같이 하나의 존재가 입자적 특성과 파동적 특성을 둘 다 보이는 것은 X-선뿐만 아니라 모든 미시적 존재의 보편적 성질임이 밝혀졌다. 원자, 전자, 핵, 광자 등 일체의 미시적 요소들이 파동으로서의 간섭 및 회절 현상을 보이고, 또 입자로서의 충돌과 낱개로 셀 수 있는 성질을 보인다는 것은 실험으로 확고하게 되었다. 이 점은 일상적 현상에서는 거의 볼 수 없는 일일 뿐만 아니라, 개념상으로도 상호 모순이기 때문에 도

저히 있을 수 없는 일이라고 생각되었었다.

우리의 개념체계가 어떻든 간에 자연은 모순되어 보이는 일을 보여주고 있으니 이를 받아들일 수밖에 없는 일이다. 그래서 입자와 파동의 성질을 둘 다 갖고 있다라는 뜻에서 '자연의 존재요소들은 이중성을 갖고 있다'고 일단 받아들이고 우리의 일상 관념을 반성하거나 포기할 수밖에 없게 되었다. 새롭게 알게 된 존재의 실상을 그대로 받아들이고, 이에 맞는 수학적 이론체계를 구성하는 작업을 하는 데 20여 년의 세월이 걸렸고 많은 실험적 발전과 이론 물리학자들의 노력이 요구되었다. 가장 뛰어난 기여자로는 보어(N. Bohr, 1885~1962), 하이젠버그(W. Heisenberg, 1901~1976), 슈뢰딩거(E. Schrödinger, 1887~1961)를 들 수 있겠으며, 이들이 만들어 낸 새로운 동력학체계를 '양자역학(Quantum Mechanics)'이라 한다.

2) 불확정성 원리(Uncertainty Principle)와 확률

위에서 말했듯이 양자역학은 그 기반부터가 일상적 사고와 논의를 뛰어넘는 것이어서, 이 이론이 말하는 자연현상의 원리는 고전적 세계관을 완전히 뒤엎고 전혀 다른 개념체계를 요구한다. 그 중의 가장 뚜렷하고 놀라운 것이 하이젠버그의 불확정성 원리이다.

이 원리의 개념을 이해하려면 고전역학에서의 상태라는 것을 제대로 알아야 한다. 고대 아리스토텔레스의 운동관에서는 물체의 위치가 곧 그 물체의 상태이며, 운동은 상태(위치)의 변화로 파악했다. 갈릴레오와 데카르트가 정립하고 뉴턴이 그의 운동의 제1법칙으로 삼은 관성의 법칙은 어떤 물체의 상태는

상태 = (위치, 속도)

로 되어 있다고 보았으며, 이것은 근대 과학으로서 큰 발돋움이었음을

앞에서 설명한 바 있다. 뉴턴 역학의 체계는 어떤 물체의 처음 상태를 알면 나중 상태를 알 수 있는데 이것이 바로 운동방정식에 의해서라고 보는 것으로, 도식적으로 보면 다음과 같다.

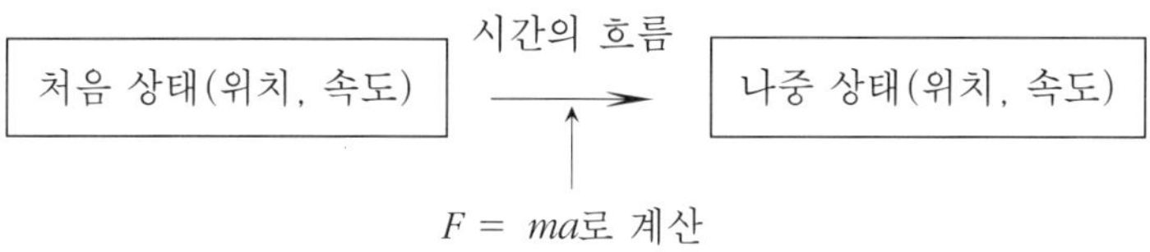

뉴턴 역학에 대하여 양자역학은 여러모로 다른 측면이 있는데 그 중 하나가 불확정성 원리이다. 뉴턴 역학은 처음 상태를 얼마든지 정확하게 알 수 있다고 전제한다. 그러나 양자역학에서는 이것을 정확히 알 수 없으며 그 아는 한계가 명확히 존재한다. '상태를 확정지울 수 없다'는 것을 불확정성이라 하며, 그 불확정성의 정도를 수식으로 나타내면

$$\triangle(\text{위치}) \times \triangle(\text{속도}) \times \text{질량} \geq \hbar/2$$

위치의 부정확도　속도의 부정확도　플랑크 상수

인데, 속도와 질량을 곱하면 운동량이므로 $\triangle(\text{위치}) \times \triangle(\text{운동량}) \geq \hbar/2$로 나타내는 것이 더 정확한 표현이다.

물체의 상태를 정확히 알 수 없는 이유는 이를 알기 위해서는 측정을 해야 하는데, 측정 과정에 반드시 빛이나 전자 등 물리적 도구를 사용해야 하므로 측정 오차의 한계가 있게 마련이며, 이 오차를 줄이는 방법이 원천적으로 한계성을 갖고 있기 때문이다.

불확정성 원리에 대한 일반인들이 갖는 가장 큰 오해는 이를 '불확실한 자연의 진행'이라고 잘못 받아들이는 것이다. 위에서 말한 바와 같이 자연의 시간적 진행에 대해서 논하는 것이 아니고 현재의 상태를 측

정해서 알아내는 데 한계가 있다는 매우 자연스런 얘기다. 다만 이 한계가 어떤 방법을 써도 $\hbar$(플랑크 상수)보다 작게 할 수 없다고 한 구체적 한계를 밝힌 것이 놀라운 일인 것이다. 그러므로 양자역학에 의해서 미래가 불확실해진 것처럼 생각하는 것은 오해에 불과하다.

뉴턴 역학과의 또 하나의 큰 차이는 미래에 대한 결정론적 예측을 확률적 예측으로 바꾼 점이다. 뉴턴 체계는 현재의 상태를 정확히 알면 미래의 상태는 방정식에 의해 풀 수 있으므로 미래의 상태를 완벽하게 예측할 수 있으며 따라서 결정론이 성립한다는 관점을 갖고 있다. 이 점에 대해서도 많은 오해가 있는데, 상태에 관한 진술을 시간적 진행에 관한 진술로 잘못 받아들이는 데에 원인이 있다.

불확정성 원리에 따라 처음 상태를 완벽하게 아는 일이 불가능하므로 뉴턴적 결정론의 진술은 첫 가정(현재의 상태를 정확히 알면)이 틀린 것이다. 양자이론은 '처음 상태는 확률적으로만 알 수 있다' 그리고 그 부정확도는 $\hbar$보다 크다고 말한다. 또한 미래의 상태도 측정하여 알려 할 때 역시 확률적으로만 알 수 있다.

그런데 왜 양자역학이 난해할까? 그것은 '상태를 확률로만 알 수 있다'를 한걸음 더 나아가 '상태를 기술하는 함수 = 상태함수 = 확률함수(probability amplitude)'로 구현하는 데서 고도의 수학이 들어오기 때문이다. 상태 = (위치, 속도)라는 간단한 상식이 무너지는 곳이 바로 이 지점인데, 상태함수에 관한 이야기를 수학 없이 설명하기는 어렵거니와 오해만 불러일으키기 쉽다.

이제 뉴턴 체계와 양자역학을 도식적으로 비교하면 〔도식 1〕과 같다. 도식에서 보듯이 확률과 불확정성이 적용되는 것은 상태와 그것의 인식에 관한 영역일 뿐이다. 시간적 진행에 관해서는 두 체계가 모두 방정식으로 기술된다는 점에서 같으며, 따라서 둘 다 완전한 미래 결정론적 관점을 취하고 있다. 다만 구체적 방정식의 형태가 다를 뿐이다. 그러므로 양자역학에서는 미래가 불확실하게 확률적으로 전개된다고 보는 것은 오해일 뿐이며, 인과관계가 깨진 듯한 생각도 정확하게 분석

현재 상태	진행	미래 상태
· 현재 상태(입자들의 위치와 속도) · 위치와 속도를 무한히 정확히 알 수 있다는 가정	$m\frac{d\vec{v}}{dt} = \vec{F}$ → 뉴턴 방정식 (시간적 진행이 결정됨)	미래 상태(바뀐 위치와 속도)
· 현재 상태(상태함수 ψ) · 위치와 속도는 ψ로부터 확률적으로 구함 (불확정성 원리)	$i\frac{\partial\psi}{\partial t} = H\psi$ → 슈뢰딩거 방정식 (시간적 진행이 결정됨)	미래 상태(바뀐 상태함수)

[도식 1] 뉴턴 역학과 양자역학의 비교

하지 않으면 오류에 빠지기 쉽다. 다시 한번 강조한다면 상태를 측정 인식하는 데에만 확률과 불확정성이 있을 뿐, 상태의 진행은 결정론적이다.

3) 일상 생활과 양자물리

이렇게 난해한 양자이론이고 또한 원자와 같은 미세한 현상에만 적용되므로 우리의 일상 생활과는 거리가 먼 일이라고 생각하기 쉽다. 그러나 알고 보면 첨단기술은 물론이거니와 평범한 자연현상까지도 양자역학을 모르면 손에 쥐고 쓰면서도 알지 못하는 새로운 문맹이 되기 십상이다.

우리가 병원에서 일상으로 접하는 MRI(자기공명촬영), CT(컴퓨터 입체사진), 각종 방사능치료, X-선 등도 기반 기술은 양자역학 없인 이해할 수 없으며, 유전공학과 돌연변이에서의 확률도 바로 위에서 말한 확률에 기인하는 것이다. 컴퓨터와 정보산업의 핵심소재인 반도체의 작동원리와 집적 기술도 전자의 양자역학적 이해에 바탕하고 있으며, 초고속 자기부상열차의 핵심인 초전도 자기(superconducting magnets)도 전자의 집단이 특별한 양자 상태에 있을 때 가능한 것이다.

이러한 예는 얼마든지 많지만 레이저(laser)라는 강력광을 예로 들어 자세히 알아보자. 레이저는 그 에너지 밀도가 매우 높아서 강력한 칼 역할을 할 수 있으므로 산업체에서 물체를 자르는 데에 쓰이고, 또 병원에서 정밀 수술하는 데에 쓰이며, 안과 수술 등에 흔히 이용된다. 또 매우 정밀하기 때문에 CD와 같이 많은 양의 정보를 담는 데 쓰인다. 그리고 레이저는 퍼짐이 적게 멀리까지 가는 특성이 있으므로, 교통순경이나 탱크 운전자 등이 멀리 있는 목표물의 거리와 속도를 정확히 측정하는 데 이용하고, 지구와 달 사이의 거리를 정밀하게 재는 데에도 쓰인다. 이와 같이 레이저는 우리의 일상 생활에서 점점 더 많이 쓰이게 되지만 그 원리를 알려면 양자물리의 기본지식이 있어야 한다.

보통의 전등이나 형광등의 빛과 레이저의 빛은 발광 방법이 완전히 다르다. 물론 빛은 형광등이든 레이저든 다같이 원자에서 방출된다. 형광등의 경우와 레이저의 경우를 비교하기 위하여 소리의 비유를 들어보자. 한 방에 여러 사람이 있는데 제각기 멋대로 얘기하면 밖에서 듣기에 소란스런 잡음으로 들리며, 사람 수에 비례하여 소리는 그렇게 커지지는 않는다. 이에 반하여 방 안에 있는 사람들이 한 사람의 지휘하에 한 가지 음을 합창하면 사람의 수에 비례해서 아주 큰 소리로 나오게 된다. 형광등과 레이저의 차이는 거의 이와 같다. 형광등은 수많은 원자들이 제멋대로 다양한 색깔(진동수)의 빛을 내기 때문에 원자의 수에 비례하여 커지지 않지만, 레이저는 대부분의 원자들이 똑같은 진동수의 빛을 동일한 방향으로 서로 결을 맞추어 내기 때문에 강력하고 순수한 단색광이며 일정 방향의 결맞춘(coherent) 빛이 된다. 참여하는 원자의 수는 억의 억배만큼되는 천문학적 숫자이기 때문에 그 결과가 엄청나다. 어떻게 똑같은 진동수로 똑같은 방향으로 결맞게 빛을 내도록 원자들을 부리는가 하는 것은 양자물리를 정식으로 배우지 않고는 알기 어렵다 하겠다.

이와 같이 우리의 주변 현상의 이해를 위해서는 양자론의 이해는 필수불가결이며, 고등학교 물리와 화학에서 기초적으로 이를 가르치는 이유는 현대 사회를 살아가는 지성인의 교양으로서 꼭 갖춰야 할 지적 필수품이기 때문이다. 일반인에게는 단순한 교양이라 하겠으나, 과학이나 공학을 전공하는 대학생의 경우 양자역학을 모르고 현대과학과 기술을 깊이 있게 이해하는 것은 불가능하다. 특히 공학도, 생물학도, 의학도의 경우 세계적 수준의 연구를 하기 위해서는 양자물리의 정통교육은 반드시 받아야 하며, 그렇지 않은 경우 이류 수준에 머무르는 것은 당연하다 하겠다.

5. 소립자와 양자장론

1) 소립자의 분류와 상호작용

그리스의 데모크리투스(Democritus, BC 460~370)가 원자철학을 제창한 후 2000년도 훨씬 지난 19세기에 이르러서야 아보가드로(A. Avogadro, 1776~1856)와 달턴(J. Dalton, 1766~1844) 등에 의해서 분자설과 원자설이 화학에서 학설로 성립되었고, 20세기에 들어서 아인슈타인, 페린(J. Perrin, 1870~1942) 등에 의해서 비로소 원자가 물리적 존재로 확립되었다. 그래서 세상의 모든 화합물은 수소, 헬륨, 리티움 등에서 원자번호 92번의 우라늄에 이르는 원자들로 구성되었음이 밝혀졌다.

처음에 원자는 더 이상 깰 수 없는 자연의 근본 요소로 생각되었는데 차츰차츰 원자도 깨어지며, 인공적인 원자도 만들 수 있고, 우라늄보다도 번호가 높은 불안정한 원자도 10여 종이나 만들어 내게 되었다. 이

결과

원자 ⟶ 핵 + 전자
　　　　　└⟶ 양성자 + 중성자

로 분해가 되어 모든 물질은 양성자, 중성자, 전자로 구성되었다고 생각되었으며 이들을 소립자라고 부르게 되었다. 그런데 소립자에는 이들 말고도 수없이 많은 종류가 더 있음이 곧 알려졌고, 현재로서는 얼마나 더 많은 소립자가 있는지 모르는 상태이다. 이렇게 많은 소립자가 발견되자 이들을 구성하는 더 작은 입자가 있는 것 아닌가 하는 의문이 생겼고 이는 점차 사실로 밝혀졌으며 이들을 쿼크(Quark)라고 부른다. 다행히 쿼크는 그 종류가 많지는 않은 편이다.

지금까지 발견된 쿼크와 전자 종류의 입자들은 다음과 같이 분류되며 간단한 표로 만들어 보일 수 있다.

⟶ 기 호 ⟵		⟵ 명 칭 ⟶	
(ν_e, e) ; (u, d)	=	(nutrino, electron) ;	(up, down) quark
(ν_μ, μ) ; (c, s)	=	(μ-nutrino, muon) ;	(charm, strange) quark
(ν_τ, τ) ; (b, t)	=	(τ-nutrino, tau) ;	(bottom, top) quark
		전자 유사 입자	쿼크

우리들이 일상적으로 만나는 물질은 첫 줄의 e(전자), u-quark, d-quark로만 이루어져 있다. 양성자는 (u, u, d)로 u-쿼크 두 개 d-쿼크 하나이며, 중성자는 (u, d, d)로 u-쿼크 하나, d-쿼크 두 개로 구성됐으며, 전자는 결합하지 않는 자체로 존재한다. ν는 중성미자라 하여 전하와 질량이 없는 입자로 약한 상호작용을 한다.

둘째 줄과 셋째 줄의 입자들은 첫줄과 쌍둥이처럼 똑같은데, 질량이 크고 불안정하다는 점이 다를 뿐이다. 현재 물리학계에서는 왜 이 쌍둥

이들이 존재하는지 모르며, 더 많은 쌍둥이들이 있는지도 확실히 모르고 있다. 그리고 이들 모든 입자에 대응하는 반대입자들이 있는데, 이는 상대성이론에 의하면 그 존재가 이해된다. 역사적으로 반입자의 존재는 상대론적 양자역학에 의해 예측되었으며, 그 예측대로 발견되었다.

이들 입자들은 네 가지 상호작용에 의하여 힘을 주고받아 결합, 분해, 생성, 소멸 등의 천만 변화를 일으킨다. 이들 상호작용은 전기적 상호작용, 약한 상호작용, 강한 상호작용, 중력 상호작용이다. 전기적 상호작용을 일으키는 것은 입자들간에 빛입자(광양자)를 주고받음으로써 이루어진다. 다른 상호작용도 상응하는 주고받는 입자들이 있으며 이를 표로 보면 다음과 같다.

중력 상호작용	——— 중력자(아직 발견 안 됨)
전기적 상호작용	——— 광양자
약한 상호작용	——— W^+, W^-, Z^0
강한 상호작용	——— 글루온 8종

이들 중 전기적 상호작용과 약한 상호작용은 1967년 와인버그(S. Weinberg), 살람(A. Salam) 등에 의해 약·전기 상호작용이라는 하나의 방정식으로 통일되었다. 위의 네 가지 상호작용을 하나의 것으로 통일하려는 통일장 방정식은 아직껏 실현되지 못한 큰 과제로 남아 있다.

2) 양자장론

앞에서 얘기했듯이 물질의 구성요소인 전자와 쿼크들은 광양자, W입자 등을 주고받으며 생성소멸 결합분해의 상호작용을 해 나간다. 이 작용의 기본적 형은 다음 〔그림 7〕과 같이 쌍생성 쌍소멸의 작용에 의해서이다.

이 이론은 입자와 반입자들의 생성소멸이 기본형으로 들어오며, 더

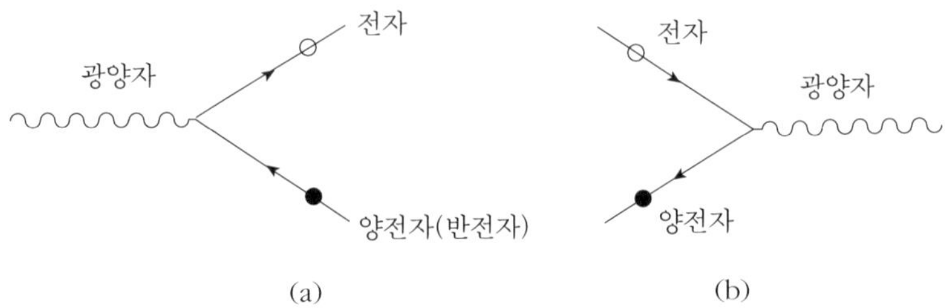

[그림 7] 광양자에 의한 전자-양전자 쌍생성(a), 쌍소멸 작용(b).
시간은 오른쪽으로 흐르는 것으로 잡았다.

구나 에너지가 커질수록 이러한 과정이 많이 일어나기 때문에 수많은 입자들을 다루어야 한다. 사실은 무한히 많은 입자가 참여하는 무한히 많은 동적 과정이 활기차게 일어나기 때문에 입자 개체들을 다루는 양자역학으로는 이 문제를 더 이상 다룰 수 없게 된다. 무한히 많은 입자를 다루는 새로운 방법을 양자장이론이라 부르며, 예로 맥스웰의 전자기장을 양자장으로 다루는 양자전자기장론(Quantum Electro Dynamics)은 전형적 장이론이다. 약한 상호작용을 다루는 장이론, 강한 상호작용을 다루는 장이론(Quantum Chromo Dynamics라 하며, Chromo는 색깔이란 글자의 뜻과는 전혀 관계가 없음에 유의해야 한다) 등 양자장론(Quantum Field Theory)이 20세기 후반의 가장 고도의 물리이론이라 하겠으며, 통일장이론이란 이들 개별적 장론을 하나로 통일해 보려는 시도인데 아직껏 성공의 기미가 보이지 않는다.

양자장이론의 전문 기술적 문제로서 무한대(∞)의 문제가 있다. 무한히 많은 입자가 무한히 많은 상호작용을 하고 있으므로 어떤 물리량(예: 전자의 질량, 전하의 크기)을 계산하면 무의미한 숫자(∞)가 나와 이론의 정당성을 의심케 하였다. 다행히 이런 것들은 몇 개밖에 되지 않으므로 적절히 옆으로 미루어 두고, 의미있는 계산들만 추려내는 임시 방편이 어느 정도 성공적이어서 전자기장, 약한 상호작용장, 강한 상호작용장의 경우 정당한 이론으로 인정을 받게 되었다.

그런데 중력장의 경우에는 이런 방편마저 도움이 안 될 만큼 무한대의 문제가 심각해서 아직껏 해결책을 못 찾고 있다. 즉 양자중력장 이론은 아직 만들어지지 않았으며, 달리 말하면 일반 상대성이론(= 중력장이론)과 양자물리는 정합적 결합이 이루어지지 않고 있다. 이를 어떻게 해결하느냐가 물리학의 가장 큰 과제로 남아 있다 하겠다. 다시 말하면, 20세기 초반에 등장하기 시작한 상대성이론과 양자물리가 20세기가 끝나가는 지금까지 통일적으로 이해되지 못하고 21세기의 중요 과제로 넘어가게 되었다.

6. 우 주 론*

1) 서 론

우리의 선조들이 맨 처음 배우던 책인 천자문은 "천지현황(天地玄黃) 우주홍황(宇宙洪荒)"으로 시작한다. 학문의 길을 향해 첫발을 내디딘 어린이에게 줄 수 있는 말로 이보다 더 크고 높은 글이 있을까 싶다. 서양의 어린이라면 누구나 읽었을 성경은 〈창세기〉로 시작하고 있다. 이와 같이 동서양을 막론하고 우주는 가장 먼저 배워야 하고, 누구나 관심을 가져야 하며, 종교나 철학 그리고 과학에서 다같이 중요한 것, 말하자면 학문의 알파요 오메가라 할 수 있겠다.

우주는 왜 있으며, 언제 만들어졌고, 얼마나 크며 어떤 모양인가 등의 의문은 아마도 태고 적부터 제기되어 왔겠지만, 이러한 질문을 과학적으로 다룰 수 있게 된 것은 20세기에 들어서 아인슈타인의 일반상대론이 나온 다음부터이다. 물론 그 이전의 코페르니쿠스나 갈릴레오, 뉴턴 때에도 우주란 말이 없었던 것은 아니었으나, 아인슈타인 이전에는 시

* 이 글은 계간 『과학사상』 창간호, 1992년 봄호에 실렸던 글이다.

간과 공간은 영원히 흐르고 무한히 펼쳐져 있으며, 과학의 대상이 아니라 과학이 성립하는 바탕으로서 정해진 조건의 역할밖에 하지 않았었다. 상대론에서 비로소 시공간은 다른 사물과 마찬가지로 자연현상의 일부로 인식되었으며, 시공간과 사물 전체의 집합인 우주를 수학적 언어로 기술하고 방정식으로 풀어 관측 사실과 맞추어 볼 수 있게 되었다.

상대론적 우주론의 가장 놀라운 발견은 "우주의 크기가 유한할 수 있으며, 계속 팽창한다"는 점일 것이다. 우주가 무한히 크지 않다면 그 끝은 어디에 있으며, 그 바깥은 무엇이란 말인가? 그 끝에 도착하여 돌멩이를 던져 보면 어떻게 될까? 등의 궁금증이 일어날 텐데, 이러한 질문에 대한 답을 2) 우주의 크기, 모양, 차원에서 비교적 자세히 다루겠다. 여기서 우리들은 우주론에 관해서도 배울 것이지만, 그보다도 우리 사고의 습관 내지는 그 제한성에 대해서 더 많이 알게 될 것이다. 그러면 유한 우주에서 파생하는 의문들은 저절로 소멸되고, 우주를 배움과 동시에 우리의 사고에 대해서도 배운다는 사실을 알게 될 것이다.

3) 대폭발 우주론에서는 오늘날 정설로 받아들여지고 있는 팽창 우주의 시간에 따른 주요 물리적 변화와 이들을 입증하는 관측자료에 관해서 논하겠다. 그리고, 우주의 시작인 태초(太初)의 존재가 필연적이란 것과, 그에 따르는 문제점을 지적할 것이다. 또한 태초 이전에는 무엇이 있었는가라는 궁금증이 왜 잘못된 질문이며, 우리의 사고가 어떻게 조건지어져 있기 때문에 그런 잘못을 범하게 되는가를 설명할 것이다.

4) 최근의 연구 동향에서는 태초 직후의 순간에는 종래의 대폭발 이론을 수정하여 급팽창의 기간을 갖도록 해야 한다는 '인플레이션 이론'에 대해 간략한 소개를 하겠다. 그리고 태초의 존재 여부를 고찰할 수 있는 양자적 우주론에 대해서도 잠시 살펴보도록 하겠다. 5) 정리 및 논의에서는 현 우주론의 내용을 요약 정리하고, 몇 가지 문제점을 논하고자 한다. 그리고 정통적인 우주론 외에 여러 이설들을 소개함으로써, 우주론은 완성된 학문이 아니며 앞으로 변할 가능성이 많음을 시사하면서 끝을 맺겠다.

2) 우주의 크기, 모양, 차원

우주의 전체적인 모습을 그려보는 일부터 시작해 보자. 먼저 현재 우주의 크기는 얼마인가부터 알아보면 대략 130억(1.3×10^{10}) 광년쯤 된다고 보고 있다. 이것이 얼마나 큰 것인지 짐작해 보기 위해서 천문학적인 거리들과 비교해 보자.

지구 둘레를 빠른 여객기로 한 바퀴 도는 데 이틀쯤은 걸린다. 그런데, 빛은 단 1초 만에 지구를 일곱 바퀴 반이나 돈다. 이를 광년(光年) 단위로 표현하면 지구의 둘레는 1억 분의 1광년도 채 못 된다(즉 지구의 둘레 $\simeq 0.42 \times 10^{-8}$ 광년). 지구에서 태양까지의 거리도 10만 분의 1 광년(지구-태양간 거리 $= 1.6 \times 10^{-5}$ 광년)이다. 달리 말하면 우리가 사는 태양계는 빛으로 달릴 경우 몇 초~몇 분대의 아주 작은 지역에 불과하다.

태양은 은하수(Milky Way)라는 수백억 개의 별로 구성된 집단에 속한 하나의 평범한 별에 불과한데, 태양에서 은하수의 중심까지의 거리는 약 3만 광년이나 되고, 은하수의 반지름은 5만 광년 정도 된다. 그러므로 은하수내 별들을 찾아다니는 은하여행을 상상하면 빛같이 빨리 달려도 몇만 년씩 걸린다는 것을 알 수 있다. 인류문명의 역사가 1만 년 정도인 것을 생각하면, 우주여행은 고사하고 은하여행조차도 무엇인가 특별한 대발견이 없는 한 쉽게 이루어질 것 같지는 않다. 우리 은하수에서 그 중 가깝다고 하는 은하(Galaxy)인 마젤란 성운까지의 거리는 약 17만 광년이나 된다. 이 은하들의 세계에 비하면 지구와 태양 같은 것은 한 점으로도 표시할 수 없을 만큼 작다 하겠다.

그런데 우주의 크기는 이러한 은하들의 세계에 비해서도 엄청나게 광막한 것이다. 물리학에서 우주론을 말할 때는 은하는 하나의 점에 불과하며, 그러한 큰 스케일에서 우주 모양을 기술하는 것이다. 물리학적 우주론의 큰 가정 중 하나는, 은하가 점으로 보이는 큰 스케일에서는 모든 은하들이 아주 균일하게 분포되었다고 놓는 것이다. 과연 이것이 옳은 가정인지 아닌지는 미래의 천문 관측으로 밝혀야 할 중요한 과제다.

"우주가 유한(有限)하고 팽창한다면 그 바깥은 무엇일까?"라는 질문에 답하기 위하여 먼저 기초적인 쉬운 문제를 생각해 보자. 우리의 생각하는 능력은 제한되어 있어서 3차원의 우주 모양을 그릴 수가 없으므로 유한 우주를 이해하는 데 많은 어려움이 있다. 그래서, 먼저 그림으로 그릴 수 있는 1차원과 2차원의 공간을 가지고 이해하도록 해 보자. [그림 8]은 1차원 공간의 예를 세 가지로 나누어 보여 주고 있다.

무한한 1차원 공간은 [그림 8a]처럼 좌우로 무한히 뻗은 선과 같은 것이다. 이에 반하여 유한한 공간은 그 길이가 한정된 것으로 두 가지 종류로 다시 나누어 볼 수 있다. 이 중 한 종류는 [그림 8b]처럼 유한하고 경계가 있는 경우인데, 여기서 경계란 선분의 양끝을 말한다. 한편 유한하면서 경계가 없을 수도 있는데, [그림 8c]와 같이 둥근 원은 어디가 끝이라 할 수 없으므로 무경계 공간이 된다. 우리의 우주를 [그림 8c]와 같은 유한한 무경계 우주에 비유하면, 우리들이 흔히 갖는 몇 가지 의혹에 대한 답을 쉽사리 얻을 수 있다.

"우주의 바깥은 무엇인가"라는 질문을 할 때 우리는 '원'의 바깥을 상정하고 있는 것인데, 말하자면 [그림 8d]의 점 N과 같은 곳은 무엇인가라고 묻는 것이다. 이에 대한 정확한 답은, 점 N은 우리의 머리 속에만 있는 것이지 실제로는 없는 점이란 것이다. 다시 말하면 우주인 원만 실재할 뿐이고, 그 원이 그려져 있는 평면은 우리의 사고 습관 때문에 별수 없이 그려져 놓은 거짓인 것이다. 우리는 평면이나 공간의 배경이 없이 '원'만 혼자 존재하는 것을 상상할 능력이 없는 것이다. 수학적으로는 얼마든지 가능한데도 불구하고.

같은 맥락으로 점 C를 우주의 중심이라고 잘못 생각하기 쉽다. 점 C는 물론 허구이고, 우주에는 중심도 끝점도 없는 것이다. 또 비슷한 의문으로, "내가 이곳에서 빠른 로켓을 타고 한없이 달려 우주의 끝에 도달한 후, 그곳에서 바깥을 보면 어떨까?"라는 생각이다. [그림 8d]에서 내가 있는 점 I에서 점선 화살표를 따라 한없이 달린다 해도 우주인 원

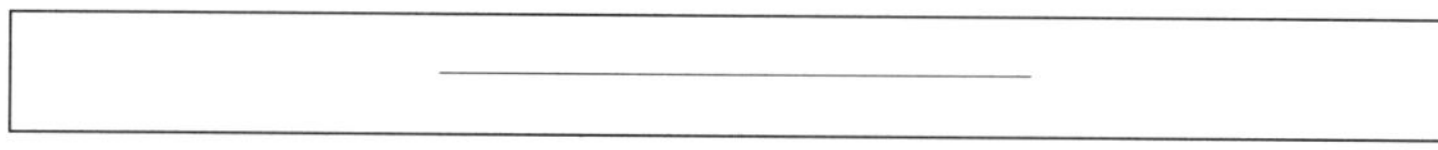

[그림 8a] 무한한 1차원 공간(좌우로 끝없는 직선)

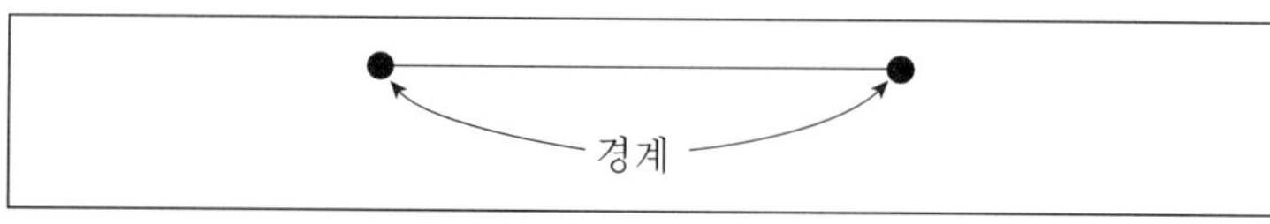

[그림 8b] 유한(有限)하고 경계가 있는 1차원 공간

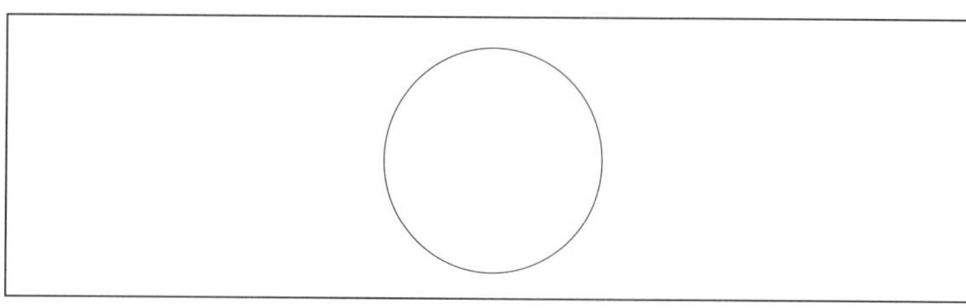

[그림 8c] 유한(有限)하고 경계가 없는 1차원 공간

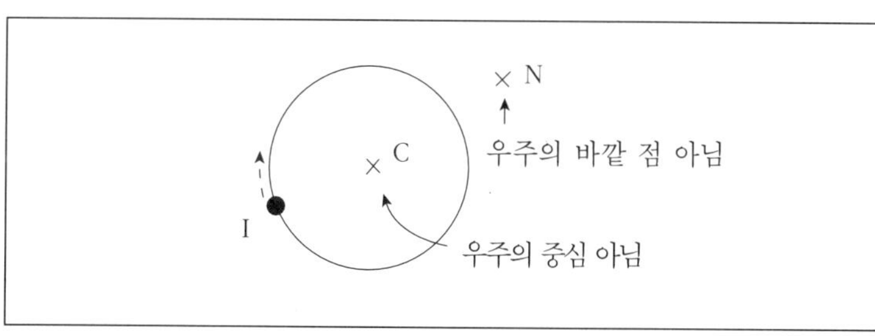

[그림 8d] '원' 이외의 평면상의 모든 점은 우주에 속하지 않음. 우리의 사고 습관 때문에 있을 뿐 실제로는 없는 것임

을 따라 계속 가는 것이므로 어느 곳이나 점 I와 같은 모양이며, 따로 끝이라 할 만한 곳에 이르지 않는다.

우주가 팽창한다는 것은 이 그림에서는 원이 점점 커지는 것을 말함이다. 그렇다면 원 밖의 바깥이 있어야만 팽창할 것이 아니겠는가 하고 말하겠지만, 이것 또한 평면의 배경이 없는 원 자체를 상상할 수 없는 데서 오는 사고의 제약일 뿐이다. 홀로 있는 '원' 그 자체는 크기가 얼마든지 변할 수 있기 때문이다.

이제 3차원의 진짜 우주를 왜 그림으로 표현할 수 없는지 알아보기 위하여 먼저 2차원 모형 우주를 그려 보자. 무한(無限) 2차원 우주는 끝없이 펼쳐진 평면과 같은 것이다. 유한(有限) 유경계(有境界) 2차원

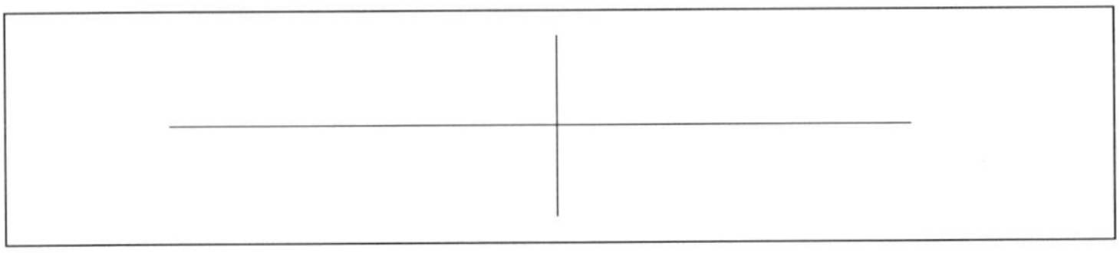

[그림 9a] 무한 2차원 우주: 무한한 평면

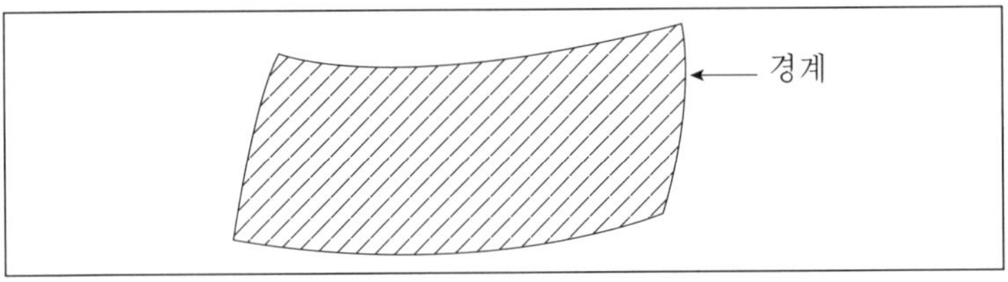

[그림 9b] 유한 유경계 2차원 우주(빗금 친 영역): 이 영역의 둘레가 경계임 (내부, 중심, 끝, 바깥 등의 개념이 성립됨)

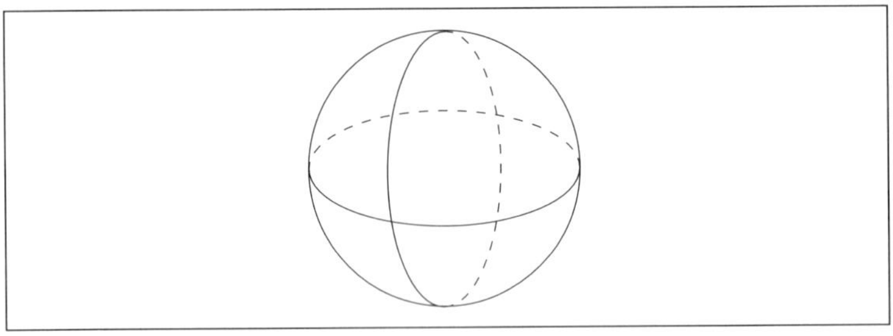

[그림 9c] 유한 무경계 2차원 우주(공의 껍질): 공의 내부나 외부는 우주가 아닌 상상의 허구(내부, 중심, 끝, 바깥 등의 개념이 성립 안 됨)

우주는 〔그림 9b〕의 빗금 친 부분과 같이 크기가 제한되어 있는 면으로서, 경계란 이 면의 끝둘레를 의미한다. 이 경우에는 우주의 내부라든가, 끝, 바깥 등의 개념이 성립하는데, 유감스럽게도 우주는 이런 모양이 아니라고 여겨지고 있다.

유한(有限) 무경계(無境界) 2차원 우주는 〔그림 9c〕에 보인 바와 같은 공의 껍질(또는 풍선)이 좋은 예다. 여기서 공의 내부나 외부는 우리의 사고 습관상 별수 없이 그려 놓는 허구일 뿐이며, 수학적으로는 공의 표면 그 자체만 존재하는 것이 가능하다. 이러한 우주에는 중심도 끝도 없고, 내부나 바깥도 없으며, 모든 점이 평등한 자격을 갖고 있다.

우주여행을 떠난다는 것은 공의 표면상을 달리는 것이므로, 아무리 많이 가도 공의 표면에 놓여 있는 것은 마찬가지다. 공의 중앙을 뚫고 직선으로 여행하면 더 빨리 갈 수 있지 않을까 하는 생각이 들 것이다. 그러나 이것은 우리의 머리 속에만 있는 것이므로 실제로는 없는 곳을 지나서 여행한다는 얘기가 된다.

1차원과 2차원의 공부를 바탕으로 3차원의 실제 우주를 고찰해 보자. 아인슈타인의 우주론 이전에 보통 사람들이 상상할 수 있었던 우주의 모형은 〔그림 10a〕〔그림 10b〕 같은 것들이었다. 무한 3차원 우주는 전후 좌우 상하 어디로든 무한히 펼쳐져 있는 우주로 아무리 달려도 끝이 없는 그런 우주다.

유한 우주라 하면 〔그림 10b〕처럼 경계(끝)가 있는 경우를 떠올릴 수 있는데, 육면체처럼 갑자기 경계면들이 직각으로 변하는 예는 옛날 사람들이 땅덩어리의 모양을 상상했던 것과 흡사한 사고방식이다. 그러나 약간 생각을 더 해 보면 육면체보다는 공과 같은 모양이 더 그럴 듯함을 느낄 것이다. 이 공 안에 태양과 별과 은하들이 중력에 의해서 잡아당기고 서로 운동하면서 존재한다고 보는 것이다. 이러한 우주 모형에서는 분명히 우주의 중심이 있고, 우주의 끝도 있으며, 우주 밖에는 물질이 없는 진공일 것이란 예측을 할 수 있다. 그리고, 우주의 중심이 어느 곳에 있는지 찾아 나설 수도 있다.

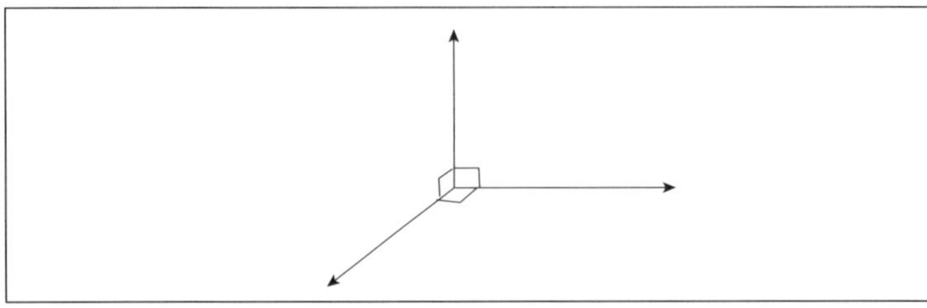

[그림 10a] 무한 3차원 우주: 전후, 좌우, 상하로 무한히 펼쳐진 우주

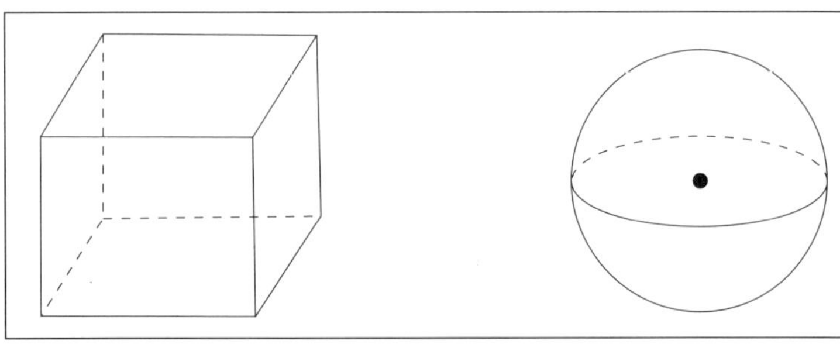

[그림 10b] 유한 유경계 3차원 우주: 직육면체나 공처럼 부피가 유한한 우주 중심, 끝(경계), 바깥 등의 개념이 성립함. 보통 유한한 우주를 공처럼 상상하기 쉬움

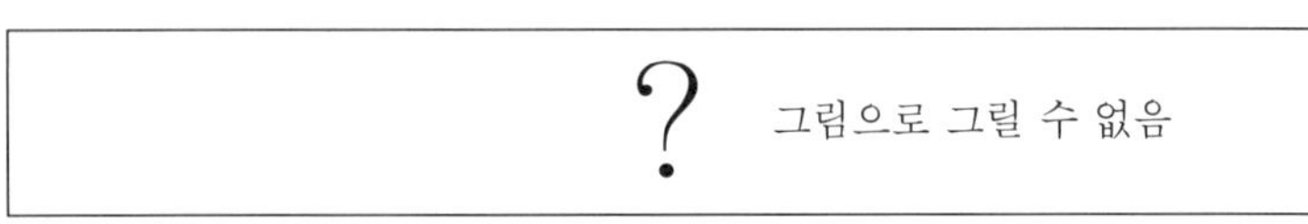

[그림 10c] 유한 무경계 3차원 우주: 실제의 우주는 이러한 우주일 가능성이 큼

이러한 공과 같은 우주 모형은 일찍이 뉴턴도 생각해 봤었다. 그리고 중력의 잡아당기는 힘 때문에 결국에 가서는 모든 것이 중심으로 떨어진다는 것을 알았었다. 따라서 이것은 우주가 안정된 상태로 있을 수 없다는 것을 의미하며, 오랫동안 풀리지 않는 문제로 남아 있었다.

아인슈타인이 제안한 우주 모형은 3차원의 유한 무경계인 공간인데, 어느 방향으로 달리든 제자리로 돌아와야 하므로 위에 말한 공과는 다르다.[1)] 이것은 그림으로 나타낼 수 없는데 이 또한 우리의 상상력의 제한 때문이다. 2차원의 예처럼 그림을 그리려면 3차원보다 하나 더 큰 차원의 공간, 즉 4차원 공간을 배경으로 해야 하는데 이것이 불가능하다. 우리는 4차원 배경이 없는 3차원 공간에 살고 있으며, 우주의 중심이나 끝(경계)도 없으며, 아무리 멀리 가 보아도 특별한 곳에 다다르지 않게 된다. 다시 제자리에 도달할 뿐.

우주가 팽창한다고 해서 우주 밖의 빈 영역을 채워 나가는 것은 아니다. 우주 밖이란 것이 없어도, 우주 그 자체의 크기는 커질 수도 있고 작아질 수도 있다. 이것은 그림으로 그릴 수는 없지만, 수식적으로는 아주 쉽게 나타낼 수 있는 문제다.

상대론 하면 으레 4차원이거니 하고, 따라서 우주도 4차원이 아닌가 하고 생각될는지 모른다. 이것은 잘못된 생각이다. 물리학에서 말하는 우주는 공간적으로는 3차원이다. 다만 시간 차원과 공간의 분리가 불가능한 것이므로 시간과 공간이 합쳐서 하나의 4차원 시공간이 된다는 뜻이다.[2)]

우주는 왜 3차원 공간(또는 4차원 시공간)이 되었을까 하는 문제에는 아직까지 어떤 이론도 확실히 답해 주고 있지 못하다. 최근의 물리학자들이 진지하게 연구하고 있는 이론들에서는 우주는 태초에는 10차원 시공간이었는데 팽창 과정에서 4차원 시공간이 되었으며, 나머지 6차원 공간은 아주 작아져서 전혀 감지될 수 없게 됐다고 보고 있다. 이러한 학설을 고차원(高次元) 시공간이론이라 하는데, 대단히 매력적인 이론이지만 아직까지는 실험적 입증이 없어 받아들여지지 않고 있다.

---

1) 무경계이므로 원(1차원)이나 풍선(2차원)과 유사한 3차원 존재.

2) 4차원 시공간과 4차원 공간을 명확히 구분할 필요가 있다. 뒤에 양자우주론에서 다시 논의함.

3) 대폭발 우주론(Big Bang Cosmology)

미국의 천문학자 허블(Hubble, 1889~1953)이 은하들의 분포를 조사해 본 결과 전혀 뜻밖의 사실이 밝혀졌다. 즉 모든 은하들이 아주 빠른 속도로 달아나고 있다는 것이다. 우리가 살고 있는 은하수가 특별한 은하가 아니라는 가정, 다시 말하면 은하수가 우주의 중심이나 끝에 놓여 있는 것이 아니라는 점을 전제로 할 때 허블의 관측은 우주내 모든 은하들이 서로 달아나고 있음을 의미한다.

이러한 현상을 가장 쉽게 이해하는 방법은 2차원 우주 모형인 풍선에 비유하는 것이다. 작은 점을 많이 그려 놓은 풍선을 불어서 점점 크게 부풀리면 점들간의 거리가 서로 멀어진다. 우주는 이 풍선과 같이 팽창하고, 은하는 점에 비유된다. 이 비유대로라면 두 점 사이의 거리가 멀수록 달아나는 속도가 더 빨라야 한다. 실제로 허블의 관측에 따르면 멀리 있는 은하일수록 더 빨리 달아나는 것이었다.

허블의 발견은 물리학계 특히 아인슈타인에게 커다란 충격을 주었다. 왜냐하면 아주 옛날부터 '하늘은 일정한 법칙에 따라 불변적인 모습이며, 영원히 안정된 모두의 거주처' 라고 암암리에 믿어 왔었기 때문이다. 따라서 아인슈타인도 영원히 안정된 우주의 모습을 상정하고 자기의 방정식으로부터 그러한 답을 꺼내려고 시도했었다. 그러나, 일반상대론 방정식의 풀이는 안정된 정(靜)적인 해를 주지 않았으므로, 그는 별수 없이 '우주상수' 라는 것을 도입하여 일반상대론을 약간 수정하기까지 했다. 그제야 겨우 불변하는 모습의 우주를 만들어 낼 수 있었다. 그런데 허블의 발견으로 우주는 정적인 것이 아니고, 빠른 속도로 팽창한다는 사실이 밝혀졌으니, 아인슈타인이 '우주상수' 도입을 일생 최대의 실수라고 할 만도 했다. 원래의 아인슈타인 방정식이 내놓은 우주는 허블의 발견과 잘 일치하는 것이었으므로 일반상대론의 성가가 한층 더 높아지는 계기가 되기도 했으니, 아인슈타인 자신에게는 일종의 전화위복의 행운이었다고 볼 수도 있겠다.

우주가 현재 팽창하고 있다는 것은 과거와 미래 양쪽으로 우주의 상태에 관한 중요한 시사를 하는 것이다. 즉 과거에 시작의 순간이 있었는가 하는 문제와 미래에 한없이 팽창할 것인지 아니면 종말이 있을 것인지의 문제다. 먼저 과거의 문제부터 생각해 보자.

(1) 태초(太初)

먼저 우주의 시작인 태초라는 순간이 있었는가?라는 것부터 알아보자. 지금의 우주의 팽창속도를 감안할 때 대체로 150억 년 전에 우주가 한 점에서 출발했다는 결론이 나온다. 이론과 계산의 자세한 내용에 따라 숫자에 약간의 차이는 있으나 100억~200억 년의 어느 순간에 우주의 대폭발이 시작됐다는 것은 일반적으로 일치한다.

이러한 "태초의 순간이 꼭 있었다"는 것을 수학적으로 엄밀하게 증명한 것을 '특이점 정리(特異點 定理/singularity theorem)'라 부르는데 영국의 펜로즈(R. Penrose, 1931~)와 호킹(S. Hawking, 1942~)이 증명했다. 양자역학이 없는 고전적인 아인슈타인의 일반상대론에 의하면 태초라는 특이점의 존재는 불가피하다는 내용이다.

이 정리가 나오기 전에는 사람들은 "만약 지금 달아나고 있는 은하들의 속도가 엄밀하게 한 점으로부터 출발한 것이 아니고 약간씩 빗나가는 것이었다면, 우주가 가장 작았던 순간에라도 크기가 영인 한 점으로 줄어드는 일은 없었을 것이며, 그 순간 이전에는 우주가 역시 컸을 것이므로 결국 커졌다 작아졌다를 반복하는 우주일지도 모른다"고 상상하고 그런 우주 모형을 만들려고 시도했었다. 그러나, 이 정리의 출현으로 우주는 엄밀하게 한 점에서 시작했다는 것을 피할 수 없게 되었다. 단, 양자 현상이 고려되면 이런 경우를 피할 수 있을 것이라고 추측되지만 아직 이렇다 할 진전이 없는 형편이다.

그런데 이 태초라 불리는 특이점이 실제로 존재한다면 물리학적으로 큰 문제가 생긴다. 일반상대론은 태초의 순간이 있다고 말해 주고 있는데, 그 순간 자체에는 일반상대론은 물론이고 지금까지의 모든 물리학

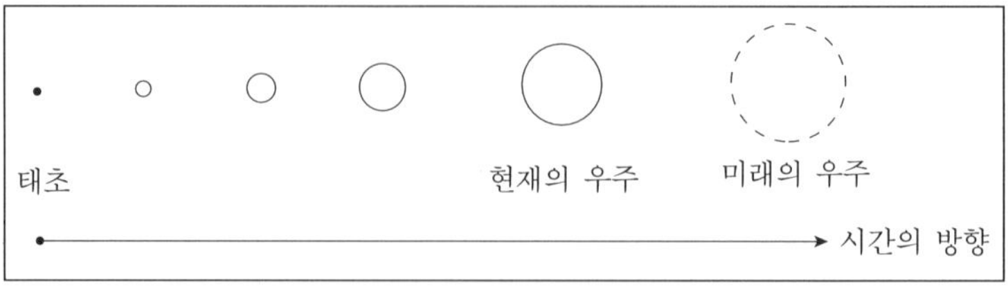

[그림 11] 1차원 모형 우주가 생성 후 팽창되어 가는 모습의 상상(틀린 상상임)

이 적용될 수 없기 때문이다. 왜냐하면 태초의 순간에 우주의 크기는 영이기 때문에 물질의 밀도가 무한대가 되어서 일반상대론 등의 방정식을 쓸 수 없게 되는 것이다. 이것은 일종의 아이러니인데 아마도 올바른 해석은, 일반상대론이 우주 초기에는 성립되지 않고 양자역학 등과 결합하여 좀더 포괄적인 이론으로 바뀔 것을 시사한다고 보는 것일 게다.[3)]

"태초에 우주가 생겼다"면 태초 이전에는 무엇이 있었을까 하는 의문이 떠오르기 마련이다. 이러한 질문은 그 자체가 성립하지 않는 것이기 때문에 따로 답을 할 필요가 없다. 성립하지 않는 이유는 시간이란 것이 우주와 함께 생겨난 것이므로 태초 이전에는 시간조차 없었기 때문이다.

그럼에도 불구하고 태초 이전은 어떤 것이었을까 하는 생각을 떨쳐버릴 수 없는 것은 우리의 사고 습관 때문이다. 〔그림 11〕은 1차원의 모형 우주가 태초에 생겨나서 점점 커지는 모양을 우리들이 보통 상상하는 대로 그려 놓은 것이다. 우리의 착각은 우주(여기서는 원)를 그려 놓은 평면(종이 면)이 실재한다고 보는 데에 있다. 그래서 태초 이전에도 여전히 텅 빈 공간이 있다고 상상하는 것이 문제다. 즉 물질이 없는 공간이 있어 왔는데, 어느 순간 물질적 우주가 생겨났다고 상상하는 것이다.

---

3) 새 이론에서는 태초가 없게 되어 문제점이 없으리라고 희망하는 것임.

우주(원)를 그려 놓은 면은 우리의 사고 습관상 나타난 거짓이고 실제로는 없는 것이다. 태초 이전에는 물질뿐만 아니라 공간 자체도 없는 것인데, 텅 빈 공간마저 없는 그야말로 완전한 무(無)를 머리 속에 그릴 수가 없는 것이다. 선(禪)에서 묻는 "무라는 말마저 없는 무가 무엇인가"라는 화두(話頭)와 일맥 상통한다고 하겠다. 종교적인 질문으로 바꾼다면 천지창조 이전의 세상은 어떠했는가 또는 천지창조 이전에 하나님은 어디 계셨는가라고 묻는 것과 마찬가지라 하겠다.

아무 것도 없는 데서 왜 그리고 어떻게 우주가 나타났는가 하는 우주 생성의 문제에 현재의 물리학 이론은 아무런 실마리도 제공하지 못하고 있다. 태초 후 극히 짧은 순간의 일도 양자중력이론이나 소립자이론이 확립되어 있지 않아서 가설적 제안이 활발하게 논의되고 있을 뿐이다. 이제 태초 후 약 1초로부터 우주 팽창의 역사를 간략히 고찰해 보자.[4]

(2) 우주의 역사

우주는 태초의 순간에는 무한히 뜨거운 높은 온도에서 출발했던 것으로 여겨진다. 이것은 현 우주론의 기본 가정으로 왜 그렇게 뜨거웠을까라는 질문에 답하는 이론은 아직 없다. 다만 이렇게 가정하여 출발하면 많은 것이 잘 설명될 수 있을 뿐이다. 우주론의 변형된 학설 중에는 차갑게 출발하는 것도 시도되고 있으나 아직은 가설 수준에 머무르고 있다.

일단 뜨거운 온도에서 출발한 우주는 팽창에 따라 온도가 내려가기 시작한다. 온도가 내려가면 입자들의 운동 에너지가 줄어들므로 충돌할 때 일어나는 현상이 달라지게 된다. 대폭발로부터 1초쯤 됐을 때는 온도가 약 100억 도 정도로 내려온다. 이 온도에서 일어나는 중요한 현상은, 중성미자(ν)라 불리는 질량이 0인 기본 입자가 다른 입자들과 상호

4) 태초 후 1초쯤이면 온도가 충분히 낮아져서 지금까지 알려진 물리법칙으로 계산이 가능하다.

작용이 거의 없게 되어 우주공간을 자유롭게 돌아다니게 된다는 것이다. 이 중성미자의 분포는 이론적으로 쉽게 계산되고 원칙적으로는 오늘날 관측으로 입증할 수 있으나, 실제로는 많은 기술적 어려움 때문에 관측할 수가 없다. 먼 미래에 이들의 관측이 가능해진다면, 우주의 태초 후 1초의 상황을 본 것이라고 말할 수 있을 것이다.

대폭발 후 약 3분이 지나면 온도는 10억 도로 떨어지면서 헬륨(He)의 핵이 생성된다. 우주내 원소의 존재 비율을 보면 수소(양성자)가 75퍼센트, 헬륨이 25퍼센트이고, 나머지 원소들은 극히 미량에 불과하다. 이 지구상에는 탄소, 질소 등의 많은 원소가 있으나 이는 극히 이례적인 예외이고 우주 전체적으로는 대부분이 수소와 헬륨인 것이다. 헬륨의 양이 약 4분의 1이란 것은 천문 관측에 의해서 확인된 사실로 대폭발 우주론의 가장 강력한 입증 자료로 꼽히고 있다.

태초의 원소의 생성은 대략 수분내에 끝나고 그후 약 50만 년까지 우주의 온도는 4000도 이하로 떨어지는데 이때까지는 별다른 큰 변화는 없고, 물질들은 전자와 핵이 분리된 플라스마 상태로 있게 된다.

4000도 이하로 떨어지면 전자와 핵이 결합하면서 원자를 형성하게 되고, 빛입자들이 우주 공간을 자유롭게 돌아다니게 된다(이보다 높은 온도에서는 플라스마 상태의 물질 때문에 빛이 자유롭게 진행하지 못함). 이로써 빛과 물질이 분리되어 빛이 우주 전공간에 두루 퍼져 있는데, 우주 팽창에 따라 점점 파장이 길어진다. 이 빛을 우주 배경 복사파(cosmic microwave background)라 부르고, 1965년에 미국인 윌슨과 펜지어스가 그 존재를 확인함으로써 현대 우주론은 확고한 지지를 받게 되었다.

이 우주 배경 복사파의 분포는 오늘날에도 정밀성을 더해 가며 계속 관측되고 있는바, 중요한 특성은 그 스펙트럼 분포가 절대온도 2.75도 흑체 복사 분포라는 점과, 우주내 모든 방향으로부터 똑같은 스펙트럼이 관측된다는 점이다. 이 후자의 정밀성은 우주론의 이론을 구성하고 테스트하는 데 있어서 가장 엄밀한 기준으로 사용되고 있다.

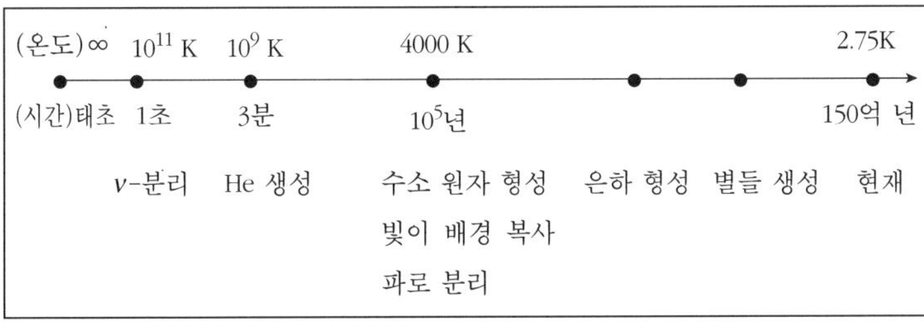

[그림 12] 태초 이후 현재까지의 주요 물리현상

원자가 구성되고 빛이 분리된 후부터 우주는 오랜 세월에 걸쳐 은하를 형성하고, 은하내 수소와 헬륨들이 중력으로 뭉쳐서 별을 만든다. 별은 점점 응축됨에 따라서 온도가 높아져 핵반응을 일으키고 탄소, 산소 등의 원소를 만들게 된다. 생명체를 구성하는 원소나 광물질의 원소들은 대부분 별의 진화 과정을 통하여 생성된 것이니, 별을 모든 존재와 생명의 원천이라 보아야 할 것이다. 은하가 형성되고, 별들이 생성 소멸하는 기간이 우주의 긴 역사의 대부분을 차지했던 것이고, 이런 대파노라마를 펼치는 기본 뼈대는 최초 3분 정도에 다 이루어졌다는 것이 현대 우주론의 요지다. [그림 12]는 우주의 역사를 간략히 표로 요약해 본 것이다.

(3) 우주의 미래

우주는 현재 팽창하고 있으며 약 150억 년의 역사를 가지고 있다. 미래에는 어떻게 될 것인가? 영원히 팽창할 것인가, 아니면 언젠가는 종말을 맞이하여 전우주가 무로 되어 버릴 것인가?

우주의 계속 팽창 여부를 결정하는 요소는 우주내에 있는 물질의 총량이다. 물질이 많으면 끌어당기는 중력이 크므로 우주는 이 힘을 못 이겨 마침내 모두 한 점으로 모일 터이니 이것이 종말이 될 것이다. 이와 반대로 물질의 양이 불충분하면 팽창하는 관성이 승하여 영원히 달아나기를 계속할 것이다.

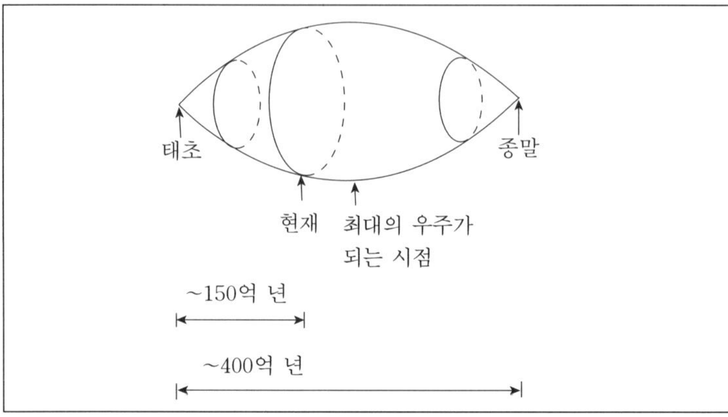

[그림 13] 태초와 종말이 있는 1차원 모형 우주(단면의 원이 각 순간에서의 우주)

우주에 종말이 있게 할 수 있는 최소의 물질의 양을 임계 밀도(critical density)로 나타낼 때, 현재까지 관측된 모든 물질과 에너지의 총량은 임계량의 약 10분의 1밖에 되지 않는다. 그러나 이것으로부터 우주가 영원히 팽창할 것이라는 성급한 결론을 내려서는 안 된다. 왜냐하면 지금까지 관측된 물질의 대부분은 은하와 별의 형태로 되어서 빛 등의 전자기파를 방사하기 때문에 보인 것이고, 이런 방식으로 잡히지 않는 물질이 있을 수도 있기 때문이다.

현재 천문학계의 큰 관심사 중 하나는 이른바 '보이지 않는 물질', 즉 암흑물질(dark matter)의 정체를 밝히는 일이다. 은하 내부와 은하들 사이에 암흑물질이 존재한다는 것은 별과 은하들의 운동 상태를 관측함으로써 확인되었으나, 구체적으로 무엇이 어떤 형태로 얼마나 있는지는 알려지지 않고 있다. 여러 가지 가설들이 제시되고 있으나 정설이 확립될 때까지는 시일이 걸릴 것으로 예상된다.

만약 암흑물질이 충분히 많다면 우주는 언젠가 종말에 이를 것이며, 우주는 태초에서 종말까지 약 400억 년의 역사를 가질 텐데, 그림으로 나타내면 〔그림 13〕과 같다. 여기서는 그리기 쉽게 1차원의 모형 우주가 시간에 따라 팽창 축소하는 모습을 그린 것으로, 둥그런 면만이 우주이고 그 내부나 바깥은 실재하지 않는 허구다. 그리고, 실제의 우주는 3차원이므로 그릴 수가 없음은 물론이다.

4) 최근의 연구 동향

대폭발 이론은 우주론적 관측 데이터를 성공적으로 설명했다는 점에서 널리 받아들여지는 표준 모델로 정착되었다. 그러나 아무도 이의가 없을 만큼 완벽한 이론이 되어 있는 것은 아니다. 특히 은하의 생성과 분포의 문제, 그리고 태초 직후의 문제 등은 최근의 활발한 연구 과제다.

대폭발 후 1초 정도 지났을 때는 온도가 충분히 낮아서(100억 도 정도) 이때 일어나는 물리현상은 대체로 현재 알려진 법칙으로 계산이 가능하다. 그러나, 그보다 훨씬 이전(10^{-10}초 정도의 짧은 순간)에는 온도가 너무 높아서 소립자들의 충돌현상이 지배적인데, 이에 관한 물리법칙이 잘 정립되어 있지 않으므로 계산하기가 어렵다. 이 때는 소립자들의 상호작용이 하나로 통일되어서 통일장이 지배적인 현상이 될 것으로 예상되는데, 아직껏 통일장 이론이 완성되지 않았기 때문에 신뢰할 만한 계산을 할 수 없는 것이다.

그럼에도 불구하고 80년대에는 소위 '급팽창 모델(inflationary model)'이 출현하여 우주의 초기를 이해하는 데 큰 진전을 보였는데, 이것은 종래의 대폭발 이론이 갖고 있었던 몇 가지 문제점을 해결했기 때문에 크게 각광을 받았다. 이 문제점들은 기술적인 세부 사항이라서 알기가 쉽지 않은데 두 가지만 간략히 설명하겠다.

하나는 우주 배경 복사파가 어느 방향으로 보아도 같은 온도 같은 세기란 것이 문제가 된다. 이것은 우주의 모든 점이 균일한 온도를 이루고 있었음을 의미하고, 그러려면 우주 전체가 충분히 가까운 거리에 있어서 상호작용이 전파되어 열 평형을 이루고 있었어야 함을 의미한다. 그런데 종래의 대폭발 이론을 태초의 순간까지 그대로 적용시키면 이런 열 평형의 가능성이 없어지므로 문제가 되는 것인데, 태초의 극히 짧은 순간에 아주 급격한 팽창이 있다고 보면 해결될 수 있다.

또 다른 문제는 우주내 물질의 양이 영원한 팽창 여부를 결정하는 임계질량에 너무 가깝다는 것이다. 현재 관측된 양(임계질량의 약 10분의 1)이 태초에도 그대로였다면 우주는 지금보다 훨씬 짧은 시간에 빠른 팽창을 해 버려서 오늘날의 상태가 있을 수 없다는 것이다. 대폭발 이론대로라면 태초에 물질의 양이 임계질량으로부터 극히 조금만 벗어나도 우주는 금방 수축하거나 팽창해 버려서 지금의 우주는 존재할 수 없게 된다. 달리 말하면 태초에 정확히 임계 질량으로 출발했기 때문에 오늘날의 우주가 존재한다는 것이다. 이런 기적적인 우연에 의존한다는 것은 물리이론으로는 적합하다 할 수 없다.[5)]

'급팽창 모델'은 우주의 초기에 아주 급격하게 팽창하는 순간이 있었고, 그후에 대폭발 이론이 주장하는 정도의 비교적 느린 팽창이 시작되었다고 말한다. 이 급팽창의 기간을 둠으로써 위에 말한 문제점들이 깨끗하게 해결된다는 것은 쉽게 알 수 있는 일인데, 어떻게 그런 급팽창을 일으킬 수 있는가 하는 구체적 방안을 제시하는 문제는 아직껏 완벽한 해결을 보지 못하고 있다. 지금까지 몇 가지 다른 급팽창 모델이 제시되었는데, 급팽창시키는 일에만 성공적이고 그것을 멈추어 보통의 팽창으로 느리게 하는 일은 제대로 못 해 내고 있다. 그러나 급팽창 모델로 수정된 대폭발 이론이 우주의 전반적 역사를 기술한다는 데에는 일반적으로 이의가 없는 편이다.

우주의 태초 자체와 극히 짧은 순간(10^{-43}초)의 문제는 급팽창-대폭발 이론으로도 접근이 안 되는 어려운 영역이다. 이 문제의 해결을 위해서는 중력장의 양자화가 먼저 해결되어야 하는데, 양자중력장은 기술적으로나 개념적으로나 전혀 해결의 실마리가 보이지 않는 난제 중의

5) 물질의 양이 임계질량과 똑같은 값으로 출발했어야 할 아무런 이유가 없는데, 우연히 그렇게 되었다는 것은 설득력이 없으므로.

난제다. 물론 근년에 유행한 바 있었던 '초대칭 끈 이론(super-symmetric string theory)'[6] 등은 양자 중력장을 포함한 통일장이론이 될 가능성이 있다고 선전되었지만 그야말로 희망 사항에 불과한 듯하다. 아직껏 단 하나의 실험 예측도 만들어 내지 못할 만큼 수학적으로 풀기 힘든 공론에 그쳐 있다.

양자중력장의 이론이 없음에도 불구하고 우주의 초기를 양자적으로 기술하려는 시도가 활발하게 진행되고 있는데 이를 '양자우주론(quantum cosmology)'이라 부른다. 우주가 태초에 어떻게 생겨났으며, 왜 뜨겁게 출발했는가 등의 문제를 풀어 보려는 노력의 일환이다.

보통의 양자역학에서는 입자의 파동함수를 기술하는 것이므로 관측되는 대상과 관측자가 분리되어 있어서 우리가 무엇을 하고 있는지 비교적 명확히 알 수 있다. 그러나 양자우주론에서는 파동으로 기술하려는 대상이 우주 전체이므로 관측현상과 관측자가 모두 포함되어 있어야 한다. 따라서 이 파동함수는, 보통의 양자역학처럼 단순하게 우주의 존재 확률로 해석하기에는 어려움이 있다. 파동함수를 수식으로 써 놓는 일이야 기계적으로 하면 되지만 그것이 무엇을 의미하는 것이냐 하는 개념적 문제는 많은 논란이 있고 아직 정설이 없는 상황이다.

우주의 파동방정식을 수식적으로 만드는 일은 일단 해 볼 수 있는 일이지만, 그것이 제대로 된 이론인지를 알아보려면 풀이를 구해서 예측하는 바가 실제 현상과 일치하는지 살펴봐야 할 텐데 풀이를 시도할 수도 없을 만큼 복잡하기 때문에 난관이라 아니할 수 없다.

이러한 어려움에도 불구하고 파동방정식을 아주 단순한 꼴로 변형시켜서 풀이를 구해 보는 일들을 많이 하고 있다. 이와 같은 시도에서 몇 가지 좋은 성과가 있었는데, 우주구조가 위상수학(topolgy)적으로 여러 갈래로 나뉘고 복잡해지는 현상은 특히 많은 관심을 끌고 있다. 시공간이 양자화되면 매끈한 하나의 시공간이 아니라 비누 거품 생겨나듯 온

---

6) 물질의 근본은 점 입자가 아니라 끈과 같은 입자라는 이론.

갖 모양의 시공간이 다 생겨날 확률이 있게 된다. 그러므로 태초의 우주는 기하학적으로 아주 복잡하고 다양했을 가능성이 있으며, 이런 문제를 다루는 수학이 위상수학이므로 우주론을 이해하는 데 현대 수학이 큰 역할을 하게 된다.

우주구조의 위상수학적 다양화를 이용하여 얻을 수 있었던 중요한 성과는, 왜 우주상수가 영인가를 증명할 수 있었던 것이다. 우주상수란 아인슈타인이 맨 처음 도입한 것인데, 그가 정(靜)적인 우주상을 일반상대론에서 유도하는 데 실패하자 그 이론을 약간 변형시키기 위하여 들여온 상수다. 이것은 일종의 우주적 척력(斥力)으로 중력의 인력에 대항해서 우주내 물질 분포를 정적인 상태로 있게 하는 힘이다. 실제 관측에 의하면 이 우주상수는 영이다. 그런데 이 값이 꼭 영이 되어야 할 어떤 필연적 이유는 없다. 따라서 오랫동안 이것이 왜 영인가를 알려고 노력해 왔었는데, 양자우주론에서 위상수학적 효과로 그렇게 될 수밖에 없음을 비교적 신빙성 있게 증명하였으므로 양자우주론의 연구가 활성화되는 계기가 되었다.

일반 사람들로 하여금 양자우주론을 이해하기 어렵게 하는 요소 중의 하나는 이른바 '허수 시간(imaginary time)'이란 것이다. 보통의 시간을 '실수 시간(real time)'이라 하는데, 이것은 공간과 다른 기하학적 특성을 가지고 있다. 그러므로 우리들은 시간과 공간을 확연히 구분하여 생각하게 된다. 그런데 '허수 시간'이란 쉽게 말하면 공간화된 시간이라 할 수 있으며, 따라서 허수 시간과 공간은 구분이 없게 된다.

실제의 세계는 실수 시간(1차원)과 공간(3차원)이 합쳐진 4차원 시공간이라 하는데, 양자 세계에서는 허수 시간(1차원)과 공간(3차원)이 합쳐진 4차원 공간('시'자가 빠졌음에 유의)이 필수적으로 요청된다. 4차원 공간은 보통 우리가 경험하는 3차원 공간보다 차원이 하나 더 큰 공간일 뿐, 흘러가는 듯한 시간 같은 것은 없다.

양자우주론은 허수 시간이 들어가는 4차원 공간에서 파동함수 등의 계산을 하게 된다. 그러나, 계산의 최종 단계에서는 실수 시간으로 돌아와 현실세계에 대한 예측을 하게 된다. 이론상의 시간과 현실 시간의 이러한 괴리를 어떻게 보아야 할 것인가? 허수 시간은 단순한 수학적 허구에 불과하고 실수 시간만이 진실된 것인가, 아니면 허수 시간이 오히려 더 근본적인 것이고 실수 시간은 우리가 자연을 인식하는 특별한 방식 때문에 나타나는 허상인가? 이 문제는 양자물리에 관한 과학 철학적 과제가 아닌가 한다.

영국의 호킹은 허수 시간이 더 근본적일지도 모른다고 진지하게 생각한다. 그리고 태초의 생성 문제도 허수 시간이 들어가는 4차원 공간에서 다루어야 한다고 본다. 그는 4차원 공간(시공간이 아님)에서는 태초나 종말이 없는 유한 우주가 될 수 있음을 제안하였는데, 이를 무경계 조건(no boundary condition)이라 부른다. 태초라는 특별한 점이 있으면 그곳에서는 물질의 밀도가 무한대가 되어서 물리학 법칙을 적용할 수 없어 골칫거리인데, 이런 태초가 없는 우주 모형이 가능하다는 점에서 하나의 진전이라 할 수 있겠다. 시작도 끝도 없고 그러나 유한하며 완전히 그 자체로 충분한 우주, 이것이 참된 우주의 모습일지 모른다. 단, 허수 시간에서만 이것이 가능하다는 것은 어떤 연고일까? 무엇인가 깊은 의미가 숨겨져 있을 듯한데 아직껏 그 비밀은 밝혀지지 않고 있다.

5) 정리 및 논의

대폭발 이론의 전반적 구성을 정리해 보면, 지금부터 약 150억 년 전에 무한히 뜨거운 한 점에서 출발한 우주는 팽창하면서 온도가 점점 내려가고 있는 중이다. 처음 약 3분 사이에 우주내 물질의 대부분인 수소와 헬륨이 생성되었고, 약 50만 년 정도까지는 이들 원소와 빛이 고온의 플라스마 상태로 있다가 온도가 4000도로 떨어지면서 플라스마는 보통의 물질인 원자들이 되고, 빛은 자유로운 파동으로 우주에 퍼져 다니게 되었다. 이 빛은 오늘날엔 절대온도 2.75도에 해당하는 우주 배경 복사파로 관측되고 있다. 우주 전역에 고르게 분포된 수소와 헬륨은 그후

긴 역사를 통하여 중력에 의해 은하와 별을 만들었고, 별은 수소와 헬륨을 태우면서 진화되어 탄소, 산소, 철 등의 원소를 생성했고, 지구는 이러한 별이 생성한 물질로부터 만들어졌다.

대폭발 이론을 입증하는 주요한 관측 자료를 들면 먼 거리에 있는 은하들의 달아나는 속도를 말해 주는 빛의 적색 편이(red shift), 우주내 원소 분포의 비율(수소 : 헬륨 = 75 : 25), 우주 배경 복사파의 스펙트럼과 균질성 등이 있다.

최근의 연구 동향은 태초 후 극히 짧은 시간에 일어난 현상을 연구하는 데 관심이 집중되어 있다. 이 경우는 온도가 아주 높기 때문에 소립자의 상호작용의 완전한 이해가 없이는 상세한 계산을 할 수가 없다. 80년대의 중요한 업적으로는 태초 직후에 아주 급격한 팽창이 있었다는 급팽창(inflation) 아이디어를 써서 종래의 대폭발 이론의 단점을 보완한 것을 들 수 있겠다.

태초 자체의 존재 여부와 그때의 물리적 상황을 연구하는 일은 양자 우주론의 영역인데 허수 시간의 등장, 시공간의 위상 수학적 다양화 등 흥미있는 문제가 많으며 활발한 연구가 진행되고 있다.

급팽창으로 보완된 대폭발 이론은 현재 물리학계에서 널리 받아들여지고 있으나, 완벽한 이론이라고는 할 수 없고 앞으로도 계속 관측 자료와 더 정밀하게 맞추는 노력을 기울여야 한다. 특히 최근에 많은 관심을 끌고 있는 문제는, 은하들의 분포가 대폭발 이론의 기본 가정처럼 균일하지 못하다는 점이다. 원래 가정하기를 아주 큰 스케일에서 본다면 은하들은 고르게 분포된 점들과 같다고 했는데, 실제 관측 결과는 그렇지 않다는 것이다. 만약 이런 경향이 계속된다면 대폭발 이론은 큰 도전을 받게 될 것이다.

보이지 않는 물질(dark matter)의 분포와 정체를 밝히는 것도 우주론의 중요한 당면 과제인데, 이 분야의 진전이 어떻게 이루어지느냐에 따라 우주의 미래상이 좌우될 수도, 대폭발 이론에 큰 영향을 미칠 수도 있다.

지금 널리 받아들여지는 정설이라 할지라도 그것이 언제 부정될지 모르는 것이 과학적 학설의 운명이다. 때로는 미미한 상태로 있던 정반대의 생각이 새로운 기운을 얻어 신학설로 등장하기도 한다. 이러한 점에서 우주론도 현재의 지배적 이론인 대폭발설 밖의 다른 이설들이 적지 않다는 점을 알아야겠다.

가장 많은 주위를 끈 가설 중의 하나는 이른바 '정상 우주론(steady state theory)' 으로 우주는 시작도 끝도 없으며 과거나 미래나 그 모습이 현재와 다름없다는 아이디어다. 이것은 아인슈타인의 '정적 우주(static universe: 우주가 현재 상태 그대로 크기에 변함이 없음)' 와는 달리 계속 팽창하는 우주관인데, 그 팽창률이 일정한 우주를 가정하고 있다. 그러므로 허블이 관측한 은하들의 달아남을 처음부터 받아들이고 있는데, 그러면 우주가 팽창하되 언제나 똑같은 모습(예를 들면 은하의 분포 밀도가 일정)을 띠어야 한다는 모순된 조건을 요구하는 것이다. 이를 위하여 끊임없이 물질이 생성되어야 한다는 또 하나의 가정을 도입하는데, 이것은 현재의 관측 정밀도내에서 무리 없는 이론 구성은 가능하다.

'정상 우주론' 의 장점은 태초와 종말이라는 특이점이 없는 이론을 구성할 수 있다는 것이고, 가장 큰 문제점은 우주 배경 복사파의 균질성을 설명하지 못한다는 것이다. 이 때문에 대부분의 사람들은 정상 우주론을 죽은 이론으로 보고 있으나, 죽은 것이 되살아나기도 하는 것이 학설의 세계이니 함부로 단언할 일은 아니다.

태초의 존재를 없애 보려는 다른 노력 중의 하나는 대폭발 우주론의 기본 가정인 등방성(isotropy) 가정을 무시한 비등방성 우주론이다. 비등방성을 이용하여 전체 우주가 한 점으로 동시에 모이는 일이 없도록 하려는 시도였으나, 펜로즈-호킹의 특이점 정리에 의하여 이러한 방법으로는 태초를 피할 수 없음이 밝혀졌다. 그러나, 양자우주론에서는 여전히 비등방성까지 고려하는 모형들을 생각하고 있다.

마하의 원리를 일반상대론보다 더 깊은 기본 가정으로 보아 우주론을 재구성하려는 시도, 중력상수 등 물리학의 기본 상수들이 시간에 따라 변한다고 보고 우주의 역사를 다시 보려는 노력, 허블의 관측 결과를 은하의 달아남으로 보지 않고 빛과 시간의 관계를 바꿔 보려는 연구 등 드러나지 않은 학설들이 많이 있다. 우주 자체는 유한할지라도 그에 관한 이론은 끝없이 많이 생겨날지도 모르겠다. 인간의 상상력은 무한히 다양하고 풍부하니까.

참고문헌

김영식, 『과학혁명』, 민음사, 1984.

소광섭, 「우주론」, 『과학과 철학』 제1집, 통나무, 1990.

———, 「우주론의 어제와 오늘」, 계간 『과학사상』 창간호, 범양사, 1992.

———, 「칸트와 아인슈타인의 동시성 연구」, 『과학과 철학』 제3집, 통나무, 1992.

Einstein, Albert, 『상대성 이론』, 김종오 역, 미래사, 1992.

Einstein, A. and Infeld, L., 『물리 이야기』, 지동섭 역, 한울과학문고, 1990.

Feynman, Richard, 『물리법칙의 특성』, 나성호 역, 미래사, 1992.

Hermann, Armin, 『하이젠베르크』, 이필렬 역, 미래사, 1991.

Hawking, Stephen, 『시간의 역사』, 현정준 역, 삼성이데아, 1988.

Jammer, Max, *Concept of Space*, Harvard University Press, 1954.

Weinberg, Steven, 『태초의 3분간』, 조병하 역, 범양사, 1981.

II. 관찰자와 현상

1. 고전역학

1) 고전역학의 과학철학적 관점

고전역학은 문자 그대로 옛날의 역학이며 모범 또는 전형이 되는 역학이란 뜻으로, 오늘날에는 상대성 이론과 양자역학으로 대치되었다는 점에서 옛날의 '틀린' 이론이란 의미도 있다. 그러나 여전히 동력학의 전형적인 이론체계이고, 기초적이며 현실 생활에서 대단히 유용한 이론으로의 역할을 하고 있다. 그러므로 물리학을 공부하려면 먼저 고전역학부터 기본으로 배우는 것이 상례이다. 고전역학은 우리의 일상적 자연관을 그대로 받아들이고 있기 때문에 아무런 개념적 혼란이 없이 학습할 수 있기도 하다. 관찰과 현상의 관계에 있어서 고전역학의 관점을 요약하면 다음과 같다.

(1) 자연현상의 실재성(Realism)

자연현상은 인간의 존재나 관찰 여부에 관계없이 존재하며, 우리의 관념과 무관한 실재이다. 자연현상이 그 자체로서 실재하는지, 단지 인간의 마음에서 만들어진 관념과 환상에 불과한지, 또는 자연 그 자체는 알 수 없고 자연과 인간의 인식체계간의 상호 결합의 결과인지 등등의 과학철학적 논의는 옛날부터 있어 왔으며 간단히 결론지을 수 있는 문제가 아니다. 그러나 고전역학 체계내에서는 자연현상은 실재하는 것이며, 인간은 관찰로 그것을 알 수 있다고 소박하게 믿고 과학탐구를 한다.

(2) 법칙의 객관성

실재하는 현상들은 일정한 법칙에 따라 운행되며, 이것은 누가 언제 어디서 보든 똑같은 객관적이고 보편 타당한 것이다. 그러므로 누구나 실험 등으로 이를 찾아낼 수 있으며, 이것이 과학자의 할 일이다.

이 법칙이 왜 존재하느냐 하는 법칙의 기원 또한 큰 문제인데, 뉴턴 등 고전역학의 창립자들은 하나님이 이 법칙을 준 것이며, 이 법칙을 찾는 것은 하나님의 존재를 입증하는 일이 된다고 믿었다. 자연법칙도 인간의 인식구조에서 나온 것이라는 정반대의 주장등 다양한 견해가 있음은 물론이다.

(3) 정신과 물질의 분리

자연현상은 인간의 정신, 감정 등 심리적 활동과는 관계없이 독립적으로 그 자체의 법칙에 따라 진행한다. 예를 들어 우리가 정신을 집중하여 물체를 움직이게 한다든가, 변형시킨다든가, 고장난 시계가 다시 돌아가도록 한다든가 하는 일은 있을 수 없다. 하늘의 천둥벼락, 천재지변, 가뭄, 홍수 등도 인간의 도덕적 행위와는 무관한 자연 자체의 법칙에 따른 현상이다. 이 분리의 관점이 근대 과학(실험과 관찰에 토대를 두고, 수학적 정식화를 하는 과학)의 기본적 출발점인바, 근대 이전의 미신적 태도와 비과학적 종교로부터 과학을 해방시켜 기계적 자연관을 발전시키는 데 큰 동인을 제공하였다.

(4) 관찰자(주관)와 관찰대상(객관)의 분리

관찰하는 사람과 관찰대상은 서로 분리되어 구분된다, 예를 들어 멀리 있는 별과 지상의 관찰자는 서로 분리되어 있으며 상호 영향을 미치지 않는다. 뜰의 꽃과 관찰자인 나도 서로 떨어져 있어 명백히 구별된다. 고전역학의 탐구대상은 거의가 이와 같았으나, 20세기에 들어서 가능해진 원자 세계의 경우 실험기구(이는 주관의 연장이라 볼 수 있다)와 실험대상(원자)의 분리는 그렇게 명백한 것이 아니게 되었다. 이런 이유로 양자역학에서는 이 분리 관점의 타당성에 의문이 제기되었다. 또 다른 예로 사람이 자신의 뇌의 활동을 관찰하는 경우에는 주관 즉 객관인 상황이다. 이 경우 고전역학적 접근은 전면적 재검토를 요하게 된다.

(5) 관찰대상과 나머지로의 분리

실험과 관찰에서 대상은 어느 제한된 공간상의 일부에 국한되고, 그 밖의 나머지 전 우주와 적절히 분리될 수 있다고 본다. 고립된 대상을 따로이 다룰 수 있다는 것은 다른 것들의 영향을 무시해도 괜찮다는 것을 전제로 한다. 달의 운동을 연구하는 데 멀리 있는 별들까지 고려할 필요가 없다는 것이다. 물론 가까이 있는 태양과 지구 등의 영향은 적절히 고려해야 하며, 그것은 고전역학체계의 관심사에서는 가능한 일이다. 이러한 분리 고립된 대상의 취급 가능성은 마하의 원리(멀리 떨어진 모든 별들의 영향이, 예를 들면, 달의 질량을 결정한다)라든가, 생물처럼 기본적으로 주위 환경과 에너지와 정보를 교환함으로 존재하는 열린 체계에서는 문제가 되지 않을 수 없다.

(6) 관찰 행위와 현상의 분리

자연현상을 얼마든지 정밀하게 측정하여 정확한 관찰자료를 얻어낼 수 있는가의 문제이다. 즉 관찰행위가 현상에 어느 정도의 영향을 미치는가이다. 망원경으로 달을 관찰한다고 해서 달의 운동에 변화가 있을 것이라고 생각할 필요는 없다. 고전역학에서는 대부분의 관찰과 현상 관계가 이와 같다고 본다. 경우에 따라서는 관찰 행위가 영향을 미칠 수도 있지만 그것은 잘 계산해서 빼주면 된다고 보았다. 예를 들어 그

릇에 담긴 물의 온도를 재는 데 온도계의 영향은 있지만, 그것을 보정해 주는 것은 어려운 일이 아니란 것이다. 그러나 원자의 세계에서는 관찰행위가 현상의 상태를 크게 흔들어 놓기 때문에 원칙적으로 계산 보정이 불가능해진다. 이 점이 고전역학과 양자역학의 가장 큰 차이점이다.

이상의 일반적 가정의 요점은 자연현상과 법칙의 객관적 실재성과, 정신과 물질의 분리, 인식주관과 관찰대상의 분리이다. 이러한 암묵적 전제에 더하여 고전역학이 갖고 있는 명시적 자연관 중 핵심적인 사항은 다음과 같다.

(1) 구성요소

자연현상은 시간, 공간, 물질의 세 종류의 독립적인 요소로 구성되어 있으며, 이들 각각은 객관적 실재이다. 공간은 3차원의 무한한 우주를 이루고, 이 속에 물질은 기체, 액체, 고체 등 갖가지 형태로 존재한다. 시간은 1차원의 흐름으로 전 우주에 걸쳐서 일정한 리듬으로 진행하며, 물질의 운동과 생성 소멸 등 변화를 주관한다.

(2) 결정론

공간에 있는 모든 물체들의 행동은 뉴턴의 운동방정식에 의해 기술되며, 현재의 상태가 주어지면 미래의 상태는 이 방정식에 의해 완전히 결정된다. 미래의 상태가 완전히 결정되었다는 이 관점은 인간의 자유의지와 관련하여 심각한 의문과 논쟁을 불러일으키는 요소이다. 현대과학에서는 확률론 등으로 인과율의 문제가 그렇게 단순한 것이 아님을 보여 주고 있다.

(3) 예측 가능성 및 실험적 검증 가능성

결정론에 따라서 지금의 상태를 정확하게 측정하면 미래의 일어날 상황을 모두 예측할 수 있으며 따라서 실험적으로 검증할 수 있다. 해와, 달의 위치를 정확히 관측함으로써 다음 일식과 월식이 언제 어디서 어떤 모양으로 일어난다고 예측하고 실제로 검증하는 것과 같다. 천체의 위치를 비롯하여 광범위한 현상에서 매우 성공적이었기에 이 관점은 오랫동안 과학의 큰 성과로 여겨졌으며, 기술과 산업 발달의 밑바탕을 이루어 왔다.

그러나 모든 자연현상이 예측 가능한 것이 아님이 밝혀지기 시작하였다. 우선 양자물리에서는 원자와 같은 작은 물체의 상태를 정확히 측정함이 원천적으로 불가능하며 따라서 예측 가능성은 오직 확률적으로밖에 될 수 없다. 이른바 불확정성 원리 때문이다. 다음으로 근년의 컴퓨터의 출현에 힘입어 발달하게 된 비선형 역학에서도 예측 가능성의 한계를 다른 측면에서 밝히고 있다. 예를 들면 기상 상태를 예보하는데 있어서 오늘의 기상 데이터를 매우 정밀하게 측정하였다 하더라도 일주일쯤 후의 날씨를 정확히 예측하는 것은 불가능함이 밝혀졌다. 여기서 주의할 점은 고전역학체계내의 결정론을 그대로 받아들여도 예측 불가능하다는 것이다. 즉 결정됐다는 것과 알 수 있다는 것 사이에는 큰 차이가 있다는 점이다. 미래를 정확히 예측하려면 현재를 무한히 정확하게 알아야 하는데 이는 무한한 정보를 요하므로 불가능하다는 뜻이다. 이 경우에는 객관적 자연은 이미 결정되어 있고 하나님은 알 수 있으나, 인간이 알아내는 것은 불가능하다는 것이다. 앞서 말한 양자역학의 원자세계는 객관적 자연에 이미 결정되어 있다는 말을 할 수 없기 때문에 두 예 사이에는 큰 개념적 차이가 있음을 유의해야 한다.

2) 고전역학에서의 관찰자: 상대성 원리

고전역학에서는 절대적 공간에서 객관적 법칙에 따라 운동하는 물체를 절대적 시간의 흐름에 따라 기술하는 것이므로 관찰자는 단순히 있는 그대로를 보고 그 가운데 규칙성을 찾는 역할을 할 뿐이다. 자연현상의 기원이나 그 법칙의 형성에 있어서 아무런 영향을 미칠 수 없다. 따라서 이론체계에서 관찰자의 역할은 거의 없는데, 물론 전혀 없다고는 할 수 없다. 예를 들어 등속운동의 상대성이나 원심력 등이 관찰자의 운동에 관련된 내용이다.

등속운동의 상대성은 갈릴레오가 처음 발견한 원리로서 서로 등속운동하는 두 사람은 누가 운동한다고 말할 수 없고 단지 둘간의 상호관계로서만 성립한다는 뜻이다. 이를 입증하는 일상적 경험은 다양하게 많다.

아주 조용하게 달리는 자동차나 기차에서 눈을 감고 있으면 정지해 있는지 달리고 있는지 알 수 없다. 눈을 뜨고 있을 때 달린다고 하는 것은 차창 밖의 다른 사람이나 나무 등 물체를 볼 때 그것에 대해서 상대적으로 움직인다는 것을 의미한다. 이와 같은 비교 대상이 없는데 혼자서 운동한다는 것은 있을 수 없다. 우리의 일상생활에서 운동한다는 것은 대부분 땅(지구)에 대해서 상대적으로 운동함을, 즉 지구를 기준으로 하여 운동하는 것을 의미한다. 자동차가 빠른 속도로 달린다든지 거북이가 느리게 걷는다든지 하는 등은 모두 땅에 대한 상대적 운동을 의미한다.

운동의 기준을 무엇으로 잡느냐는 편의상하는 것이지 절대적 표준이 있을 수 없다. 지상의 운동은 대부분 땅을 기준으로 잡는 것이 편리하지만, 자동차 안에서 날아다니는 파리의 운동은 자동차 또는 관찰자인 탑승자를 기준으로 보는 것이 편리하다. 갈릴레오는 매끄럽게 달리는 배의 돛대 위에서 쇠공을 떨어뜨릴 때 돛대 바로 밑에 떨어질 것인지, 아니면 배가 앞으로 진행한 만큼 뒤에 떨어질지의 실험 예를 들면서 운동의 상대성을 설명했다. 배를 운동의 기준으로 보면, 배 자신은 당연히 정지해 있고, 그 돛대와 공도 역시 정지해 있기 때문에 곧바로 밑으로 떨어진다. 바다의 수면을 운동 기준으로 보면 배와 돛대와 공 모두 일정한 속도로 앞으로 달리고 있는데, 돛대 꼭대기에서 공을 놓는 순간 공은 앞으로 가는 속도는 그대로 있고 더하여 밑으로 떨어지기 때문에 포물선을 그리며 앞으로 떨어진다. 배도 역시 앞으로 진행했으므로 이 경우 역시 공은 돛대 바로 밑에 떨어진다. 결론적으로 운동의 기준이 어디에 있는가는 상관이 없다. 즉 운동의 상대성 원리가 적용된다. 돛대 꼭대기에서 떨어지는 쇠공이 수면에 대해서 포물선을 그리며 앞으로 떨어진다는 것이 이상하다고 생각되면, 하늘을 나는 공군 비행기에서 무거운 폭탄을 떨어뜨리면 역시 포물선을 그리며 떨어지는 것을 생각해 보면 쉽게 알 수 있을 것이다. (공기의 저항은 논의상 무시하기로 한다.) 또 다른 예로 바람이 없이 빗줄기가 수직으로 떨어지는 날 기차나 자동차를 타고 가면서 보면 옆으로 비스듬히 떨어지는 것을 볼 수 있는데, 이 경우에는 공기의 저항으로 빗방울의 낙하속도가 일정하여 가속도가 없기 때문에 포물선을 그리지 않고 비스듬히 떨어지는 사선운동을 하는 것으로 보인다.

이상과 같은 등속운동의 상대성은 몇 가지로 진술할 수 있다. "절대적 등속운동은 없다." 이는 "등속운동하는 관찰자가 다른 것과의 비교하지 않고 자기 자신의 운동 여부를 알 수 없다"는 뜻이다. 같은 내용을 "모든 등속운동은 상대적이다"라고 말해도 된다. 또는 "등속운동의 절대 기준은 없다"고 할 수도 있다. 좀더 형식을 갖춘 표현을 쓰면 "등속운동을 하는 모든 기준계(frame of reference)에서 물리법칙은 동일하다"가 된다. 기준계는 기준이 되는 틀(frame)인데, 운동을 기술하는 틀로서 시간과 공간의 좌표계(frame of coordinates)를 쓰는 것이 물리학의 기술방식이기 때문이다. 상대성 이론에서의 관찰자는 이 기준 좌표계를 의미한다고 보아도 좋다. 물리법칙이 동일하다는 것은 물리현상은 달리 보일 수 있다는 것을 함축하고 있다. 지상에 서 있는 사람과 차를 타고 있는 사람에게 빗방울의 떨어지는 모양은 달리 보인다. 이 경우에 누가 운동하고 있는 사람이라고 말할 수는 없다. 왜냐하면 두 경우 다 빗방울의 낙하법칙은 같기 때문이다. 흔히 차를 타고 달리는 사람이 운동한다고 느끼겠지만 이는 지구를 기준으로 삼는 습관에서 나왔을 뿐이다. 우주의 텅빈 공간에서 두 우주선이 서로 빗겨 가면서 지나가는 운석을 볼 경우를 상상해 보면, 서로 다르게 운동 상태를 보겠지만 누가 더 바르게 보았다고 할 수 없다.

운동의 상대성은 불교의 선(禪) 문답에서도 종종 떠오르는 주제였다. 예를 들어 대종경 성리품 14장에 나오는 다음 글은 흥미있을 뿐만 아니라 이모저모로 생각을 깊이 해 보도록 한다.

> 대종사 봉래 정사에서 문정규에게 물으시기를 '벽에 걸린 저 달마 대사의 영상을 능히 걸릴 수 있겠는가.' 정규 사뢰기를 '능히 걸리겠나이다.' 대종사 말씀하시기를 '그러면 한 번 걸려 보라.' 정규 곧 일어나 몸소 걸어가거늘 대종사 말씀하시기를 '그것은 정규가 걷는 것이니, 어찌 달마의 화상을 걸렸다 하겠는가.' 정규 말하기를 '동천에서 오는 기러기 남천으로 갑니다.' 하니라.

이제까지는 운동 중에서 등속운동 즉 일정한 속력으로 직선운동을 하는 경우로 국한시켰다. 일반적인 운동은 속력이 바뀌거나 방향이 바뀌는 가속도가 있게 마련이다. 등속운동이 아닌 일반적인 운동을 하는 관찰자는 다른 물체와 비교하지 않고도 자신이 운동하는 것을 알 수 있다. 다시 말해 속도의 변화가 있으면 그것을 느낄 수 있다. 예로 조용히 달리는 기차에서 눈을 감고 있으면 달리는지 정지해 있는지 알 수 없으나, 이 기차가 속도를 갑자기 줄이거나 하면 몸이 앞으로 쏠리는 힘을 받으므로 가속도가 있음을 알게 된다. 또는 자동차가 커브를 돌면 몸이 밖으로 쏠리는 힘을 느끼므로 역시 다른 것과 상대적인 비교 없이도 가속도가 있음을 알게 된다. 그러므로 가속도는 절대운동이라고 볼 수 있다. 그래서 뉴턴은 등속운동에서만 상대성 원리가 성립하고 일반적 운동은 절대적이라고 보았으며 그의 운동법칙은 이 점을 반영하고 있다. 그러나 가속도 운동도 좀더 깊이 따져 보면 상대적이란 것을 아인슈타인이 밝혔으며 이는 일반 상대성이론의 기반이 되는 원리이다.

2. 상대성이론

1) 특수 상대성이론: 빛의 중요성

관찰자가 등속운동이라는 특별한 운동 상태에 있을 경우 특수 상대성 이론이라 하고, 가속도가 있는 일반적인 운동을 할 경우 일반 상대성 이론이라 한다. 이 구분에서 볼 수 있듯이 '관찰자의 운동'이 상대성 이론의 구성에서 명시적 역할을 하며, 아래에서 보듯이 이론의 핵심이 되는 원리에 관찰자와 관찰수단(빛)이 등장한다.

특수 상대성이론은 두 개의 원리에 바탕한 연역적 이론체계라 할 수 있다. 첫 번째는 '상대성 원리'인바, 이는 고전역학에서도 이미 잘 알려졌고 그 이론체계에 정합적으로 포함되어 있다. 아인슈타인은 이를 이론 구성의 첫 번째 초석으로 삼았다는 점이 탁월하다 하겠으며, 관찰자들간의 상대성 혹은 동등성을 물리법칙의 제일원리로 올려놓은 것은 그의 업적이다. 그런데 특수 상대성이론을 고전역학과 다르게 만든 가장 중요한 요소는 우리의 관찰 수단에 '빛'이 매우 특별한 존재란 점인바, 광속은 어느 관찰자가 보아도 일정한 속력이란 사실이다. 이는 아인슈타인의 위대한 발견으로 '광속 일정의 원리'라 한다. 특히 강조하고 싶은 점은 '빛'은 관찰의 대상인 자연현상 중 특별한 요소란 뜻이 아니라 '관찰을 가능케 하는 관찰 수단'으로서 이론 구성의 핵심이 된다는 점이다. 여기서 약간의 물리학적 지식을 요하는 주석을 첨가할 필요가 있는데, '빛'은 우리의 눈으로 지각하는 가시광선만을 의미하는 것이 아니라 라디오 방송에 쓰이는 전파나 적외선, 자외선, X-선 등 일체의 전자기파동을 의미하며, 나아가 우리의 보고 듣고 냄새 맡고 맛보고 만져 보는 오감도 넓은 의미에서 빛을 사용하는 관찰이란 점을 이해하면, 빛 없이는 자연을 관찰할 수 없음을 알 수 있고, 또 다른 한편으로 우리가 관찰한 자연은 빛을 매개로 한 영상임을 알 수 있다. 영화관에서 보는 영화가 여러 단계의 변환과정을 밟은 빛의 영상이듯이, 우리가 관찰한다고 느끼는 실제의 자연도 역시 일종의 빛의 영상이란 점을 이해할 필요가 있다.

특수 상대성이론은 두 개의 원리가 모두 '관찰'에 관한 점임을 주목해야 한다. 상대성 원리는 '관찰자'의 운동에 관한 것이고, 광속 일정의 원리는 '관찰수단(빛)'에 관한 원리이다. 만약 자연현상의 법칙들이 우리의 관찰과 무관하게 독립적으로 존재하는 어떤 것들이라면 관찰에 관한 원리에서 자연현상의 법칙을 이끌어 낸다는 것은 있을 수 없는 일일 터인데, 상대성이론은 관찰에 관한 원리로부터 자연법칙을 이끌어 낼 수 있음을 보여 주고 있다. 그러므로 자연현상의 법칙 중 적어도 일부의 측면은 관찰에 의해서 만들어지거나 규정지어진다고 볼 수 있다. 관찰자는 수동적인 발견자가 아니라 능동적인 법 제정 행위자이며, 관찰 없이 저절로 있는 자연과 그 법칙이란 상상만의 허구이거나, 우리와는 무관한 것, 알 수 없는 것이라 하겠다.

앞에서 말했듯이 특수 상대성이론은 우리의 세계관 형성에 있어서 빛의 중요성을 인식한 첫 물리학 이론이다. 시간과 공간처럼 원초적 개념까지도 빛에 의해서 규정되어진다. 상대성 이론에서는 시간이 천천히 흐르는 등 매우 신기한 일이 벌어진다고 하는 것은 빛이 그러한 신기한 성질을 갖고 있기 때문이다. 이를 단적으로 나타내 주는 것이 바로 '광속 일정의 원리'이다. 이 원리에 의하면 빛은 누가 보아도 일정한 속력, 즉 초속 30만 킬로미터로 달린다는 것인데, 이것이 이상한 이유는 빛을 뒤쫓아가면서 보더라도 그러하고 빛과 반대 방향으로 달리면서 봐도 그러하다는 것이니까 그렇다. 옛날 이야기로 임진왜란 때 중국의 장군 '이여송'이 소를 타고 천천히 가는 시골 노인을 붙잡으려고 아무리 빨리 말을 달려 쫓아가도 그 노인은 여전히 앞에서 천천히 걸어가더라는 것처럼 우리의 상식으로는 이해가 가지 않는 신기한 현상이다. 빛이 아닌 다른 물체, 예로 달리는 기차의 속력은 자동차로 달리면서 보면 그만큼 줄어드는 것이 일상의 경험이다. 그러므로 빛은 매우 특이한 존재라고 '광속 일정의 원리'는 말하고 있는 것이다.

광속이 유한하면서 관찰자의 운동에 관계없이 일정한 속력이라는 사실로부터 시간과 공간은 관찰자의 운동에 따라 달리 보여야 한다는 것을 보일 수 있다. 이 점은 우리의 일상적 경험과 정반대로 보인다. 일상생활에서는 시간과 공간이야말로 누구에게나 똑같은 것으로 모든 경험의 기반을 이루는 것이고, 사물의 속력은 보는 사람의 운동 여하에 따라 달라지는 것이기 때문이다. 그러나 이러한 경험은 사람의 운동 속력이 광속에 비하여 매우 느리기 때문에 그러한 것이다. 한 예로 음속으로 나는 제트 비행기라 할지라도 광속의 백만 분의 일(1.1×10^{-6}) 정도의 느린 속력에 불과하다. 우주여행이 일상화되고 광속에 가까운 여행이 보편화되는 미래사회에서는 여행자의 운동에 따라 시간과 공간이 달라진다는 것을 쉽게 체험할 수 있게 될 것이다.

광속이 일정하면 시간과 공간이 관찰자에 따라 달라진다는 것을 이해하려면, 두 사건 사이의 시간과 두 점 사이의 거리를 어떻게 정의하고 측정하는가를 알아야 한다. 상대성 이론의 교재나 교양서적의 설명을 일별하면 금방 알 수 있듯이 동시성이나 시간의 비교에 등장하는 것은 언제나 빛이다. 빛을 써서 시간도 길이도 정의하고 측정하는 것이며, 과학과 기술의 가장 엄격한 측정 표준 또는 도량형의 기준의 설정을 「표준 연구소」에서 실제로 빛을 써서 제시하고 있다. 그러므로 빛이 기본적인 요소이고 시간과 공간의 변환은 빛에 의해서 규정되는 이차적 개념이다.

「원불교 정산 종사 법어집 원리편」 34장의 "이 세상은 변하는 이치와 불변하는 이치로 이룩되어 있나니…… 변과 불변은 곧 둘 아닌 진리로서 서로 떠나지 못할 관계를 가지고 있나니……"란 말씀에 비추어 보면 상대성 이론은 광속의 불변하는 이치와 시공간의 변하는 이치에 관한 이론이라 하겠다. 시공간의 변환의 규칙은 광속불변의 원리로부터 나오는 것인데, 일단 시공간의 변환 규칙이 정해지면 이에 따라 에너지와 운동량이 어떻게 변환되는지가 결정되며, 이것이 유명한 아인슈타인의

$E = mc^2$ 이라는 질량 · 에너지 등가공식을 포함한다. 이 식으로부터 별과 태양이 수십억 년 동안 계속 빛을 낼 수 있는 에너지가 어디서 나오는지 이해되며, 또한 원자력 발전의 원리가 된다. 시공간의 변환으로부터 다른 자연현상들 예로 파동의 도플러효과, 전기와 자기의 변환 등이 설명된다. 간략히 요약하면 자연현상의 모든 변환 규칙은 시공간의 변환법칙으로부터 나오고, 시공간의 변환은 광속의 불변과 관찰자의 상대성에 바탕한다. 그러므로 관찰수단인 빛과 관찰자에 의해서 중요한 자연법칙이 규정된다. 물론 이 주장을 확대해서 모든 자연법칙이 다 결정된다고 했으면 좋겠지만 아직까지는 그렇지 않다는 점을 알아야겠다.

2) 일반 상대성이론: 시공간의 휘어짐

관찰자가 가속도 운동을 하면 다른 비교 대상이 없이도 받는 힘을 느끼기 때문에 절대운동을 하는 것처럼 보인다. 뉴턴은 물이 담긴 물통을 줄로 매달아 놓고 빠른 속도로 돌리면 원심력에 의해 물이 통을 따라 밀려 올라가는 현상을 예로 들면서 가속도 운동(이 경우는 원운동)의 절대성을 믿었다. 아인슈타인은 엘리베이터를 타고 있는 승객의 경우 밖을 보지 않는다면, 가속도를 받아 위로 올라갈 때 발에 받는 힘인 관성력을 느끼는데, 이것으로 엘리베이터가 위로 올라가는지 아니면 정지해 있는데 중력으로 당겨지고 있는지 판단할 수 없음을 보아 가속운동 역시 상대적이라고 보았다. 즉 중력에 의한 힘인지 가속도에 의한 힘인지 판별할 수 없는 이 현상을 '등가원리(equivalence principle)'라 이름하였다. 결론적으로 모든 운동은 상대적이고, 관찰자는 언제나 자신이 정지해 있다고 보아도 된다. 이것이 일반 상대성 이론의 기본 원리이다.

일반 상대성이론에서도 시공간의 구조가 중심 주제가 되는데 여기서 또한 빛이 중요한 역할을 한다. 시공간의 특성을 규정하기 위하여 먼저 공간상의 두 점을 잇는 직선을 정의할 필요가 있는데, 이것은 관념적으로 아무렇게나 할 수 있는 것이 아니고 실험이나 관측과 일치하도록 해야 한다. 우주상의 허허 공간에서 두 점을 잇는 직선을 정의하는 방법은 빛을 이용하는 것이며, 빛이 진행하는 경로가 공간상의 직선이다. 그런데 빛은 태양과 같은 질량이 큰 물체가 있어서 중력이 강한 공간을 지날 때에는 휘어져 가므로 빛의 경로에 의한 자연의 직선은 실제로는 휘어져 있고 따라서 일상적으로 경험하는 직선과는 다른 것임을 알 수 있다. 이것은 자연의 직선이 잘못 정의된 것이 아니고, 우리의 일상적 경험이 제한적인 지식인 때문이며 이를 고쳐 확장하려면 휘어진 공간의 직선이란 것을 '측지선(geodesic)'이라는 두 점간의 가장 짧은 경로로 해석해야 된다. 비유하면 공처럼 둥근 면에 직선을 그을 수는 없지만 두 점간의 가장 짧은 경로를 측지선으로 잡는 것과 같다. 그러므로 우주 공간의 직선이란 측지선이며, 빛의 경로가 바로 이 측지선이다. 큰 별이 있는 주위를 지나는 빛은 휘어져 진행하므로 큰 별 주위의 공간은 평평한 것이 아니고 휘어져 있다. 이 예에서 보듯이 시공간의 기하학적 성질을 규정하는 데 빛이 핵심적 역할을 하며, 특수 상대성 이론에서의 역할과 함께 관찰수단으로서 빛이 시공간의 성질을 규정하고, 시공간은 여타 자연현상의 기본 틀로서 그 법칙에 관여한다.

상대성의 두 이론에서 그 이름과는 달리 관찰자 운동의 상대성은 그 역할이 현저하게 드러나지 않고, 오히려 빛의 절대적 성격이 뚜렷하게 부각됐다는 것은 약간의 역설적인 면이 없지 않다. 어쨌든 시공간의 구조와 그에 따르는 자연법칙이 관찰자와 관찰수단(빛)에 의하여 규정됨을 밝힌 것은 과학 철학적으로 아주 중요한 의미가 있다고 하겠다.

3. 양자역학

상대성이론에서는 관찰자와 관찰수단(빛)의 역할이 중심이었는데, 양자역학에서는 관찰행위가 관찰대상에 미치는 영향이 이론구성에서 핵심적 역할을 한다. 이를 도식적으로 보이면 다음 〔그림 1〕과 같다.

[**그림 1**] 관찰의 여러 측면

관찰행위가 관찰대상의 상태에 미치는 영향은 일상생활의 경우에는 거의 무시할 만하다. 사람이 달을 관찰하는 것이 달의 운행에 어떤 변화를 일으킨다고 보기 힘들며, 강물의 흐름을 관측한다고 해서 강물이 달리 흐르는 것은 아니다. 한편 비커에 든 물의 온도를 온도계를 넣어 관측하면 온도계의 영향으로 온도측정이 약간 틀려지겠지만 이론적으로 계산하여 보정할 수도 있고, 영향이 적은 작은 온도측정 장치를 개발할 수도 있을 것이다. 이와 같은 방법으로 무엇이든지 정밀하게 측정할 수 있다고 보는 것이 고전역학적 관점이다.

그런데 원자와 같이 아주 작은 물체를 관측할 때는 관측행위가 미치는 영향이 심각해서 결코 무시할 수 없다는 것과, 이것을 이론적으로 보정해 주는 것도 불가능하며, 어떤 수단을 쓰더라도 완전히 없앨 수는 없다는 것이 밝혀졌다. 원자의 경우 그 위치와 속도를 동시에 정확히 측정해야 그 상태를 결정하는 것인데, 이것이 원리적으로 불가능하다고 '불확정성 원리'가 말해 준다. 좀더 정확히 말하면 "원자의 위치와 운동량(속력과 유사)은 그 측정오차의 값이 일정한 값(플랑크 상수 $\hbar$) 이하로는 줄일 수 없다"는 것으로, 이는 자연현상 관측의 한계를 의미한다. 어느 한계 이상 정확히 관측할 수 없는 이유는 관측행위가 대상의 상태를 흔들어 놓기 때문이다. 원자의 상태를 알아보기 위하여 빛을 쏘아 정보를 획득하는 과정에서 빛이 원자를 교란시키기 때문에 정확히 알아낼 수가 없게 된다. 교란시킨 정도를 이론으로 계산해서 빼 줄 수도 없는데, 그 까닭은 빛이 입자성과 파동성이란 이중성을 갖고 있으며 확률적인 계산만이 가능하기 때문이다. 이러한 이유로 미세 입자들의 위치와 속도를 시간의 함수로 측정하는 것은 불가능하며, 따라서 입자가 지나가는 궤적이란 것은 측정할 수 없다.

보어와 하이젠버그를 중심으로 하는 코펜하겐학파의 양자역학 해석은 "관측이 가능한 양만으로 물리적 자연관을 구성해야 한다"라는 관점에 바탕한다. 따라서 원자세계에서 궤적이란 개념은 필요가 없으며, 이론의 구성에서도 나타나지 않는다. 그러므로 양자이론에서는 관측 가능한 양이 중심적 역할을 한다. 이러한 관점은 고전역학과는 완전히 다르다. 고전역학에서는 관찰 가능성 여부와 관계없이 자연현상은 객관적 실재로 있으며, 이론이나 관측은 이것을 최대한 정확히 기술함을 목표로 해야 한다. 코펜하겐학파는 관찰과 무관한 독립적 실재를 가정할 것이 아니라 관찰행위로 파악될 수 있는 것만으로 자연관이 구성돼야 한다고 본다, 그러므로 우리의 자연관은 인간의 관찰행위와 대상인 자연의 결합작품이며, 따라서 '관찰'은 물리이론의 기본적 바탕이다.

상대성이론과 양자역학 둘 다가 '관찰'을 이론 구성의 핵심적 전제로 삼고 있다는 공통점이 있으나, 앞에서 말한 바와 같이 관찰의 여러 측면 중 문제삼는 영역이 서로 다르다. 이 두 이론의 통일적 결합을 다루는 일이 20세기 후반에 계속되었으나 아직껏 특수 상대론과 양자물리의 결합만 이루어졌고 일반 상대론과의 합일은 미완의 문제로 남아 있다.

4. 양자장론

1) 상대론적 양자역학

특수 상대성이론과 양자역학은 원리도 다르고 취급하는 물리적 상황도 달랐었다. 상대성이론은 빛처럼 빨리 달리는 경우에 적용되었고, 양자역학은 원자처럼 작은 물체에 적용되었다. 그런데 원자보다 더 작은 핵의 세계로 접근하면서 관련되는 입자의 속력이 매우 빨라지면서 상대론과 양자역학이 함께 적용되는 현상들이 일상화되었다. 이런 현상에 알맞은 이론이 특수 상대론적 양자역학(relativistic quantum mechanics)인데, 1931년에 영국의 디랙(P.A.M. Dirac)이 만들었다. 슈뢰딩거 방정식이 수소원자의 분광 스펙트럼을 잘 설명했으나, 실험이 점차 정밀해지면서 약간씩 차이가 나왔는데 이들을 디랙의 방정식으로 해결할 수 있었다. 이는 수소 원자내의 전자가 광속의 1/137의 속력으로 움직이기 때문에 상대론적 효과가 미약하게 드러나는데 분광 스펙트럼에서 대략 10만 분의 일 정도의 변화를 일으킨다. 정밀실험으로 이러한 미세한 스펙트럼 구조까지 보게 되었으므로 디랙 방정식의 타당성이 입증되었다.

디랙 이론은 분광 스펙트럼을 잘 맞추는 데 성공했으나 기대하지 않은 어불성설처럼 보이는 틀린 답도 내놓아서 처음에는 논란이 일어났었다. 그 틀린 답은 아인슈타인의 $E = mc^2$의 입자와 함께 $E = -mc^2$의 마이너스 입자도 내놓는 것이었다. 이것이 이른바 물질에 대응하는 반물질이 있음을 알게 된 계기였다. 전자와 모든 것이 똑같은데 전하만 반대가 되는 양전자, 양성자와 반대되는 반양성자 등 소립자들이 짝으로 존재함이 점차 실험을 통해 밝혀졌다. 이에 따라 얻게 된 또 하나의 중

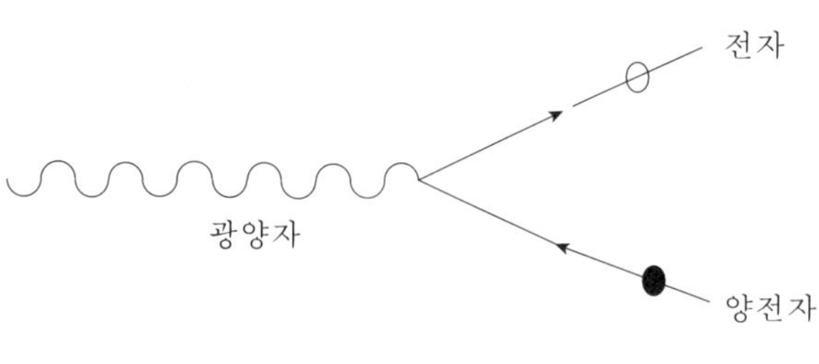

[그림 2] 빛 에너지와 물질입자(전자, 양전자)의 상호전환, 왼쪽에서 오른쪽으로 진행하는 것으로 보면 쌍생성이고, 반대로 진행하는 것으로 보면 쌍소멸이다.

요한 사실은 소립자들은 생성과 소멸이 끊임없이 이루어진다는 점이다. 빛입자(광양자)가 전자와 양전자 한쌍을 생성하고, 또 반대로 입자-반입자의 쌍이 소멸하면서 빛이 되는 과정이 밝혀졌고, 이로써 에너지와 물질이 〔그림 2〕와 같이 서로 전환됨을 알게 되었다.

반물질의 존재에 관해서 철학적 관점에서 매우 의미 깊은 사실은 입자가 개체 하나로 조용히 고립해 존재할 수 없다는 점이다. 전자 하나를 따로 분리하여 조용히 정지해 있게 할 수 없는 이유는 양자적 요동으로 끊임없이 광양자를 방출하고 흡수하는 일이 일어나기 때문이다. 이 광양자는 순간적으로 전자와 양전자의 쌍생성을 하고 다시 소멸하여 광양자로 되는 일이 일어난다. 더 미세한 세계로 내려갈수록 생성소멸 흡수방출의 소용돌이는 더 요란하다. 하나의 전자라는 것은 이렇게 무수히 많은 상호작용의 소용돌이 속에서 동적인 평균 상태로 대체적인 어림을 할 때 나타나는 것으로, 그 존재의 심연을 자세히 들여다볼수록 무한히 많은 다른 존재들과의 역동적 상호작용의 그물을 이루고 있다. 〔그림 3〕은 대체적으로 전자 하나로 보이는 것을 자세히 보면 여러 가지 입자들의 존재 상태가 다 참여하고 있음을 그림으로 도식화해 본 것이다. 이 그림은 한 개인의 마음 속 깊은 곳에 집단 무의식으로 모든 생명의 존재들이 다 참여하는 융(C.G. Jung, 1875~1961)의 심리학을 연상시킨다.

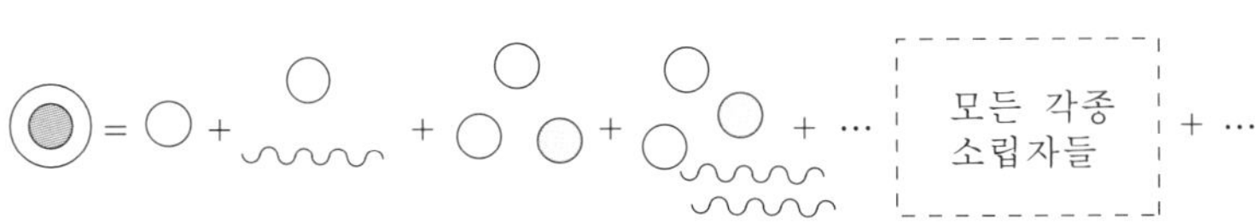

대략적인 전자 = 전자 + 전자와 광양자 + 전자와 전자-양전자 + 전자와 양전자쌍과 전자와 광양자 2 + ⋯

[그림 3] 하나의 전자는 무수히 많은 상태의 종합이다.

2) 양자장론

특수 상대론과 양자물리의 결합은 입자 하나의 고립적 존재를 부정하고, 무한히 많은 입자들과의 상호작용을 반드시 다루게 된다. 또 하나의 중요한 특성은 소립자들은 개체로 구별이 불가능하도록 완전히 똑같다. 예를 들어 산소에는 8개의 전자가 있는데 이 전자들은 완벽하게 같기 때문에 상호 구별이 될 수 없다. 이 세상의 모든 전자는 다 똑같아서 서로 바꾸어 놓는다 해도 차이가 생기지 않는다. 일상생활에서는 쌍둥이라 할지라도 무엇인가 다른 게 있기 마련이고, 세상에 완전히 똑같은 것은 있을 수 없다고 생각하기 쉽지만, 소립자 세계에서는 같은 종의 소립자라면 모든 것이 조금도 틀림없이 똑같기 때문에 소립자는 개체성이 있을 수 없다. 이상의 두 가지 특성 때문에 소립자 세계를 입자라는 작은 물체들의 집합으로 보는 것은 부적절하다. 그러므로 한 입자의 운동을 다루는 양자역학은 소립자 세계를 기술하는 틀로써 적합치 않으며 무한히 많은 동일한 입자들의 집합을 다룰 수 있는 새로운 개념과 이론의 틀이 필요하게 되었다. 이것이 장(場, field, 마당)의 개념이다. 비유하면 장은 바다에, 입자는 파도에 대응하여 생각할 수 있겠는데, 공간 전체에 걸쳐 전자의 장이 있고, 그 장이 양자화된 것을 전자라는 소립자로 보면 되겠다. 다른 소립자마다 그에 대응하는 장이 있으므로, 공간에는 수많은 장이 겹쳐 있으며 이들이 서로 상호작용하는 가운데 여러 종류의 소립자들이 생성 소멸을 맹렬하게 일으키는 동적 과정에 있다고 하겠다. 이러한 문제를 다루는 이론체계를 양자장론(Quantum Field Theory)이라 하며, 전자기 상호작용, 핵력에 의한 상호작용과 이들의 통일을 다루는 이론으로서 현대물리학의 정화라고 할 수 있다.

관찰자와 관련해서 양자장론을 고려해 보면 장의 종류 또는 소립자의 종류가 수없이 많이 있는 것과 관계가 있다. 소립자에는 전자, 양성자, 중성자, 중간자 등 아주 다양하게 있는데 이들을 특성에 따라 분류

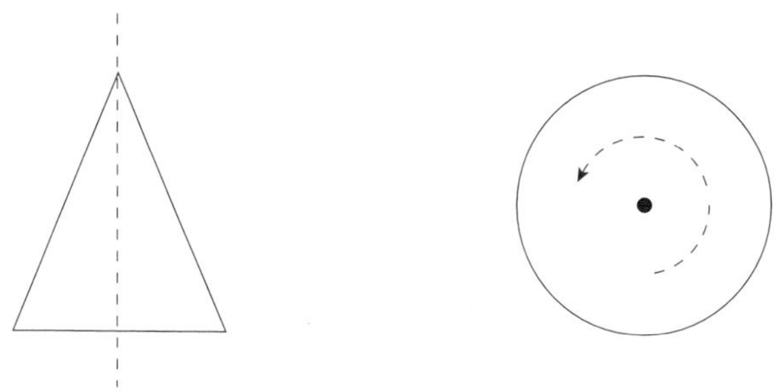

[그림 4] 이등변 삼각형은 점선을 축으로 좌우를 바꿔도 대칭이다. 원은 점선을 따라 회전을 해도 모양이 똑같으므로 회전대칭이다.

하고 상호작용을 찾는 것이 중요 연구과제였으며 1960년대에 큰 진전이 있었고 1980년대에 어느 정도 완성단계에 이르렀다.

양자장(또는 소립자)의 분류에서 핵심적인 역할을 하는 개념은 '변환의 대칭성(symmetry of transformation)'이다. 쉬운 예를 들어 이를 설명하면 〔그림 4〕의 이등변 삼각형과 같이 좌우를 바꿔 주는 변환을 해도 모양이 똑같으므로 좌우대칭이라고 한다. 사람을 비롯한 많은 것들이 대체로 좌우대칭성을 갖는다.

원은 회전을 시켜도 모양이 변하지 않으므로 회전대칭성이 있고, 공은 삼차원 회전에 대해서 대칭성을 갖는다.

소립자의 분류에서 대칭성이 중요한 역할을 하는데 그 한 예로 소립자의 특성 중 하나인 '스핀'을 생각해 보겠다. 스핀은 억지로 설명을 해 본다면 제돌이(自轉)의 양을 말하는데, 전자나 양성자 등은 스핀값이 1/2이고, 빛은 1, 중간자는 0 등 특정한 값만을 갖는다. 이 스핀은 왜 있으며, 어떤 특정한 값들만 허용되는 이유는 무엇인가라는 의문이 생기는데 그 답이 바로 대칭성이다. 이 경우는 삼차원 회전대칭성인데, 유의할 점은 소립자들이 회전대칭인 공 모양을 이루고 있다는 뜻이 아니다. 이 점을 설명하는 데 관찰자가 개입된다.

회전대칭성이란 대상(여기서는 소립자)을 관찰하는 관찰자의 자세

(좌표계로 표현됨)가 여러 방향으로 다른 각도로 있더라도 모두 동등함을 말한다. 달리 말하면 관찰자의 자세에 관한 상대성이라 하겠다. [그림 5]와 같이 A란 관찰자와 B란 관찰자가 서로 90도 돌아선 자세에서 어떤 입자를 관찰할 경우 두 관찰자에게 보이는 모양이 다를지라도 물리법칙은 동일하다는 뜻이다. 우리가 살고 있는 공간은 3차원이므로 관찰자의 회전변환도 세 가지 독립된 방법이 있으며, 이들을 수학적으로 다루는 것을 '군이론(group theory)'이라 한다. 이 회전대칭성의 군이론에 의하면 자연에 나타날 수 있는 스핀의 양은 0, 1, 2, 3 …… 등의 입자와, 1/2, 3/2, 5/2…… 등의 입자만 가능하다. 실제로 자연에서 발견된 소립자들은 이들 뿐이다.

자연계에 어떤 소립자가 있을 수 있느냐가, 스핀에 관한 제한된 범위에서지만, 관찰자(좌표계)가 갖는 회전변환 대칭성에 의해서 결정된다는 것은 의미 심장하다. 관찰자의 변환 가능성이 자연현상의 특성을 규정하는 구체적 예가 되기 때문이다. 관찰자는 이미 있는 것을 찾아내는 역할에 그치는 것이 아니고, 대상의 성격을 규정하는 창조자로서의 의

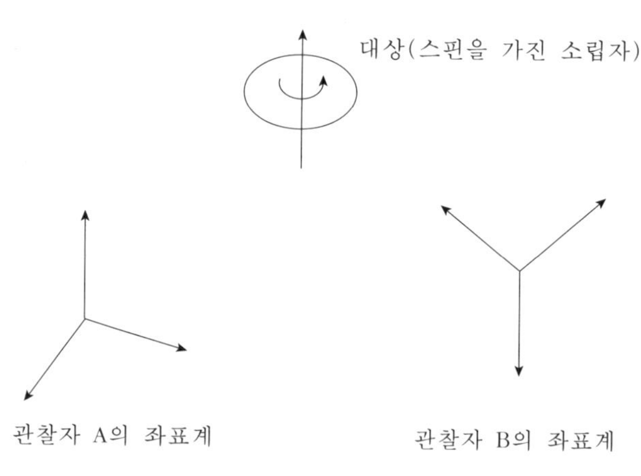

[그림 5] 한 대상을 보는 두 관찰계가 서로 다른 각도로 놓였더라도 이들은 동등한 관찰자이다.

미를 갖는 것이다.

공간상의 회전변환을 넘어서, 시공간의 대칭적 변환으로 일반화하면 이것이 바로 특수 상대성이론의 시공간의 변환관계이다. 이 대칭성의 군 이론적 계산에 따르면 소립자에 대응하는 반입자의 존재도 예견되는 것이다. 이 밖에도 공간상의 평행이동에 관한 대칭성은 운동량의 보존 법칙을, 시간 흐름에 관한 대칭성은 에너지보존법칙을 주는 등 관찰자의 대칭성과 현상의 법칙은 밀접하게 관련되어 있다.

달리 말하면, 아인슈타인의 특수 상대성이론의 수학적 표현 또는 일반화를 대칭성의 군이론으로 한 결과 거시적 현상뿐만 아니라 미시적 현상인 소립자들의 양자장론까지도 다룰 수 있게 되었으며, 결과적으로 관찰자의 대칭성이 현상의 법칙 구성에서 중심적 역할을 함이 밝혀진 것이다.

다시 강조하고 싶은 점은 관찰자의 여러 가지 변환(이동, 회전, 속력 등)에 관한 상대성(대칭성)이 현상의 성격을 규정한다는 점이다. 그렇다면 자연현상의 모든 법칙이 관찰자의 상대성에 의해 완전히 결정된다고 할 수 있는가? 아직까지의 물리학은 그렇지 않다. 관찰자의 변환 대칭성으로 규정된 것은 소립자계의 일부 성질에 불과하다. 예를 들어 소립자의 다양성이 관찰자의 어떤 변환과 관련되어 있다는 것은 알려지지 않았다. 그러나 물리학이 더욱 발달하면 결국에 가서는 "모든 현상은 관찰자에 의하여 이미 그 성격이 결정되어 있다." 그러므로 "대상을 보는 것은 곧 자기 자신을 보는 것과 다름없고, 자기 자신에 대하여 철저히 안다면 모든 대상에 대하여 다 알게 된다"고 말할 수 있게 되지 않을까? 이런 점에서 다음에 다루는 『대승기신론』의 유심론적 자연관은 특별한 관심과 기대를 가지고 살펴볼 만하다 하겠다.

참고문헌

소광섭, 「물리학에서 기리학으로」, 계간 『과학사상』 4호, 범양사, 1992.
———, 「상대론적 시공간에 대한 고찰」, 계간 『과학사상』 10호, 범양사, 1994.
———, 「특수 상대성이론에 대한 자연철학적 고찰」, 계간 『과학사상』 24호, 범양사, 1998.
장회익, 『과학과 메타과학』, 지식산업사, 1990.
———, 『삶과 온생명』, 솔, 1998.
Capra, Fritjof, 『현대물리학과 동양사상』, 김용정 · 이성범 역, 범양사, 1975.
———, 『새로운 과학과 문명의 전환』, 구윤서 · 이성범 역, 범양사, 1985.
Kant, Immanuel, 『순수이성 비판』, 최재희 역, 박영사, 1972.
Penrose, Roger, *The Emperor's New Mind*, Oxford Univ. Press, 1989.

III. 기신론의 자연관*

1. 기초 배경

1) 기신론의 불교 사상적 위치

불교의 역사를 철학적 관점에서 초기불교, 부파불교, 중관불교, 유식불교로 크게 나눠 볼 수 있다.

(1) 초기불교

석가모니의 성도에서부터 석존 입멸 후 대략 100년이 지나 상좌부와 대중부 두 개의 부파로 분열하기까지의 불교를 가리킨다. 이 시대의 불교사상을 보여 주는 성전으로는 아함경(장아함경, 중아함경, 잡아함경, 증일아함경)과 법구경, 본생경(本生經) 등이 있다. 성전의 삼장(三藏) 중 경장(經藏)과 율장(律藏)만 성립됐고 논장(論藏: 석존의 가르침에 관한 철학적 논의)은 아직 형성되지 않았다. 중요 사상적 개념으로는 연기(緣起)사상, 4성제(四聖諦: 苦集滅道), 8정도(八正道: 正見, 正思惟, 正語, 正業, 正命, 正精進, 正念, 正定), 3법인〔三法印: 제행무상(諸行無常), 제법무아(諸法無我), 열반적정(涅槃寂靜)〕 등이 있다.

---

*이 글은 계간 『과학사상』 27, 1998년 겨울호에 실렸던 글이다.

(2) 부파불교(아비달마)

석존 입멸 후 약 100년이 지난 아쇼카 왕 때 전통을 존중하는 장로비구들의 상좌부〔(上座部) Theravāda〕와 진보적인 사상을 가진 사람들이 모인 대중부〔(大衆部) Mahāsaṃghika〕로 교단이 분열되었다. 이들은 그 후 더욱 분열하여 20여 개나 되는 부파가 있게 되었다.

부파불교 시대에 처음엔 아함경의 주석이나 교설의 정리, 조직 등으로 시작하여 차츰 독립적인 논서의 발달로 교의체계의 구축과 불교철학의 전개가 이루어졌다. 이리하여 경장, 율장과 더불어 삼장을 이루는 논장〔(論藏), 아비달마장(abhidharma piṭaka)〕이 형성됐다.

부파불교 중 특히 중요한 것으로는 인도 북방으로 전파된 '설일체유부(說一切有部)' 와 남방으로 전파된 '남방상좌부(南方上座部)' 가 있다. '설일체유부' 의 철학의 완성은 바수반두〔(Vasubandhu) 세친(世親)〕의 『아비달마 구사론(阿毘達磨 俱舍論)』에 의해서이고, '남방상좌부' 의 대표 논서는 붓다고사〔(Buddhaghosa) 불음(佛音)〕의 『청정도론(淸淨道論: Visuddhimagga)』을 들 수 있다. 이들은 BC 5세기 굽타 왕조의 중기 무렵에 나왔는데, 이 시기에 불교는 이미 대승불교가 주류를 이루고 있었으나 아비달마의 완성은 이 때에야 이루어졌다.

이 글에서는 '설일체유부' 의 교의를 간혹 살펴볼 것이다. 이 부파의 교설의 중요한 개념인 '다르마(法)' 는 원래는 보편적인 사물이나 존재를 의미하는 것이었는데, 이 부파에서는 더욱 특별한 의미를 부여하여 사물을 구성하고 있는 '존재의 기본 요소' 로 쓰고 있다. 경험 세계의 모든 현상은 인과관계로 서로 얽힌 무수한 '다르마' 의 이합집산에 의한 유동적이고 일시적인 결합이라고 본다. 이 부파에서는 모든 존재요소를 5종류, 75가지의 법으로 나눌 수 있다고 보았다. 이를 5위 75법(5位 75法)이라 한다.[1] 이들 존재요소가 과거, 현재, 미래의 삼세에 어디에서

---

1) 5위 75법(五位七五法): 설일체유부의 존재 분류법으로 5위는 색(色: 물질적 요소), 심(心: 심리활동의 주체), 심소(心所: 생각, 기억, 감정 등 심의 활동 내

나 실재로 있다는 '삼세실유(三世實有)'를 주장하기 때문에 부파의 명칭도 여기에 연유한다. 그리고 모든 법은 매 순간 생성소멸하는 '찰나생 찰나멸'의 특성이 있다고 주장한다. 이 부파는 다르마의 삼세실유와 찰나생멸의 이론에 입각하여 연기(緣起)와 무상(無常)의 이치 그리고 인과(因果)와 업(業)의 이론을 구성하였다.

(3) 중관불교

대승불교는 부파불교의 현학적 치우침을 비판하고 부처의 원래 정신으로 돌아가려는 불교 혁신의 운동이며, 서북 인도를 중심으로 AD 1세기경에 일어났다. 대승불교의 중요 경전은 『반야경』, 『화엄경』, 『법화경』 등이다. 대승불교를 확립한 인물은 나갈주나(Nagarjuna, 龍樹 150~250)이며, 그의 기본사상은 '공(空)'〔또는 연기(緣起), 무자성(無自性), 중도(中道)〕이다. 그의 대표적 저서 『중관송(中觀頌)』에서 부정의 부정을 구사하는 변증법을 통하여 그의 공(空)사상을 논증하였다. 중관불교는 나갈쥬나 때부터 대체로 초기(2~5세기), 중기(5~7세기), 후기(8~11세기)의 발전과정을 거친다.

(4) 유식불교

중관불교에서는 일체의 현상은 무자성(無自性)의 공(空)이라고 하는

용), 불상응행(不相應行: 물질도 정신도 아닌 존재), 무위〔無爲: 생성소멸이 없는 것, 진여(眞如)〕, 색 11, 심 1, 심소 46, 불상응행 14, 무위 3으로 모두 75개의 법(法)을 정하고 있다. 75라는 수를 확정한 것은 아비달마 후기의 일이며, 깊은 의미가 있거나 필요 충분의 조건을 철저히 따져 만든 것은 아니다. 유식불교에서는 5위 100법으로 늘어난다.

색(色)의 의미는 물질과 관련된 것이라고 보는 것이 좋겠다. 색에 속하는 11개의 법은 안근(眼根), 이근(耳根), 비근(鼻根), 설근(舌根), 신근(身根)과 색(色〔빛〕), 성(聲), 향(香), 미(味), 촉(觸), 무표색(無表色: 체내에 존재하는 악하지도 선하지도 않은 힘)이다.

데, 유식불교는 오직 마음만이 유일 실재이며 일체의 바깥 현상은 이 마음이 나투어진 것이다 하여 식(識) 일원론을 주장한다. 구체적으로 인식의 주관과 객관 대상이 나오는 바탕을 "아라야식(Ālaya識)"이라 하며 이로부터 모든 현상이 나온다고 본다. 유식불교의 경전은, 『화엄경』, 『해심밀경』, 『입능가경』 등이다. 유식불교의 창립자로는 미륵(彌勒) Maitreya, 270～350), 무착〔(無着) Asaṅga, 310～390)〕, 세친〔(世親) Vasubandhu, 320～400)〕을 들며, 대표적 논서로는 미륵의 『대승장엄경론』, 『중변분별론』, 무착의 『섭대승론』, 세친의 『유식삼십송』 등이 있다.

유식불교의 중요한 개념으로 인식 주체의 식(識)의 구성체계인 6식(안, 이, 비, 설, 신, 의)과 마나식〔(末那識) manasovijñāna, 제7식)〕 및 아라야식〔(阿賴耶識) ālaya-vijñāna 제8식)〕을 들 수 있다. 아라야식은 모든 존재를 생성하는 근원체이며, 모든 인식 주체들의 심층심리의 통합 기반이다. 아라야식은 일체의 인식 대상의 근원이며, 인식 대상은 사실은 이 식의 전변에 불과하다는 것이 유식(唯識)사상의 핵심이다.

또 다른 주요 개념으로 삼성설〔(三性說: 의타기성(依他起性), 변계소집성(遍計所執性), 원성실성(圓成實性)〕과 삼무성〔(三無性) 상무성(相無性), 생무성(生無性), 승의무성(勝義無性)〕인데, 이는 중관 공사상의 유식적 전개라 볼 수 있다.

(5) 기신론

『대승기신론』은 서기 6세기경에 나온 불교이론서로 중관 · 유식 두 사상을 계승 종합하였으며, 대승불교의 방대한 교리를 간결한 문체와 논리 정연한 전개로 압축 표현한 논서로 독보적 위치를 확보하고 있다.

기신론의 불교 사상적 평가에 대해서는 중국 당나라 법장(法藏)[2)]의

2) 법장(法藏, 643～712): 중국 화엄종의 대가, 대승과 소승의 교학(教學)을 4개의 계층으로 구분하여 4종판(四宗判)을 제시하였다. 소승교학을 수상법집종(隨相法執宗), 반야 · 중관(般若 · 中觀) 불교를 진공무상종(眞空無相宗), 유식불교를 유식법상종(唯識法相宗)으로 하고, 「기신론」, 「능가경」, 「보성론(寶性論)」

주석서 『대승기신론의기(大乘起信論義記)』에서 기신론을 '여래장연기종설(如來藏緣起宗說)'[3)]로 평가한 이래, 이 관점이 기신론 사상평가의 주류를 이루어 왔었다. 법장은 여래장을 기신론의 핵심 개념으로 부각시키며, 기신론과 『능가경』을 이 사상의 기본 경론으로 삼는다.

그러나 기신론 주석에 있어서 단연 독보적 지위를 인정받고 있는 원효의 『대승기신론소(疏)』와 『별기(別記)』에서는 기신론을 중관 · 유식의 지양 종합이라고 보고 있다. 즉 기신론의 기본구조인 '일심이문(一心二門)' 에서 일심의 본질적 측면을 말하는 심진여문(心眞如門)은 중관의 공사상을, 일심의 현상적 측면을 논하는 심생멸문(心生滅門)은 유식의 인식체계를 종합하였으며, 중관 · 유식의 통일적 회통을 하였다고 보는 것이다.

한편 "기신론의 사상은 『섭대승론』 등 구유식(舊唯識)사상과 동일계열의 발전적 형태이다"라는 주장도 나오고 있다.[4)] 다시 말해 기신론은 유식사상이 주체가 된 유식사상의 전개이며 유식설의 발달 내지 변형으로 보아야 한다는 것이다. 이 관점은 법장의 '여래장 연기종설' 에 대한 비판이기도 하다. 즉 법장은 원효의 주석에 크게 의존하고 있으면서도 그가 속한 종파인 화엄종(華嚴宗)의 사상적 우위를 확보하려는 의도에서 유식사상에 대한 여래장 연기종의 우월성을 천명하려 하였으며, 따라서 원효의 주석에 나오는 유식적 해석을 가급적 삭제하거나 완화시키

등의 경론에 바탕한 사상을 여래장 연기종이라 하여 최상위의 사상이라고 주장하였다.

3) 여래장 연기종: 여래장이 수연(隨緣)하여 아라야식을 이루는 것을 허용하므로 이것이 이(理)가 사(事)에 철(徹)하는 것이며, 또 의타연기(依他緣起)가 무성(無性)하여 진여(眞如)와 같음을 허용하므로 이것이 바로 사(事)가 이(理)에 철하는 것이다. 따라서 이와 사가 융통하여 걸림 없는 교설〔이사융통무애설(理事融通無碍說)〕이다. 법장은 기신론의 기본 사상이 여래장 연기종이라고 보았고, 이는 법상종에 대한 화엄종의 우위를 천명코자 한 의도였다고 보여진다.

4) 박태원(朴太源), 『대승기신론 사상 연구』(1), p.178.

려고 했다는 관점이다.

기신론은 대승불교의 핵심적 논서로서 오랫동안 한·중·일 등 동아시아 대승불교권의 기본 교과서적 위치를 점해 왔다. 따라서 그의 사상적 위치 등에 대한 연구는 아직도 활발히 진행되고 있으며, 불교철학의 중요한 과제로 남아 있다.

2) 기신론의 주석과 연구

기신론은 인도의 마명〔(馬鳴) Aśvagosha〕이 짓고 진제〔(眞諦) Paramārtha, 499～569〕가 550년경에 한문으로 번역하였다고 한다. 그러나 저자에 대한 확실한 근거는 없으며, 이 논서의 인도 원문이나 티베트 번역본은 발견된 바 없다. 이 논서는 저자 자신이 말하고 있듯이 광대한 대승불교의 교리와 수행체계를 핵심만을 추려 간결한 문체로 요약한 것이다. 그래서 기신론은 대승불교를 공부하는 교과서요 필독서 역할을 해 왔는데, 지나치게 압축된 표현으로 이해하기 어려운 면이 많았다. 그래서 고래로 수많은 주석서와 연구가 있었다.

기신론 해설에서 3대 주석서가 널리 알려져 있는바,

(1) 혜원(慧遠, 523～592)의 『대승기신론의소(大乘起信論義疏)』

(2) 원효(元曉, 617～686)의 『대승기신론소(大乘起信論疏)』

(3) 법장(法藏, 643～712)의 『대승기신론의기(大乘起信論義記)』

이며 이들을 기신론 3소(起信論三疏)라고 일컫는다. 이 중 해동소(海東疏)라 불리는 원효의 소가 가장 완벽한 것으로 인정받아 왔으며, 법장의 소는 대부분 원효의 것을 받아들였지만 여래장연기종설을 도입하여 화엄종의 기본 교서로 삼은 점이 다르다. 우리나라를 비롯하여 중국, 일본에서 기신론은 대승불교를 이해하는 기본 틀로서 많은 연구가 있어 왔으며, 특히 일본에서는 수많은 주석서가 나왔고 연구가 활발히 계속되어 왔다.

원효는 기신론에 대하여 7종의 주해서[5)]를 낼 만큼 기신론 연구에 심혈을 기울였으며 이를 자신의 사상적 토대로 삼았다. 대승기신론 주석사에 있어서 원효가 차지하는 지위와 비중은 단연 돋보인다. 그의 『대승기신론소』와 『대승기신론별기』는 일찍부터 중국의 불교학계에서 높은 평가를 받았으며, 일본에서도 많은 연구가 있어 왔다. 기신론의 사상 평가는 원효에 의해 그 기본 틀이 마련되었다고 할 수 있다.

한국 불교에서 『대승기신론』에 대한 연구는 신라시대에 집중적으로 행해졌다. 원효의 저술을 비롯하여, 경흥(憬興)의 『대승기신론문답(大乘起信論問答)』, 연기(緣起)의 『대승기신론주강(珠綱)』, 『대승기신론 사번취묘(捨繁取妙)』, 대연(大衍)의 『기신론소』, 『대승기신론기(記)』, 견등(見登)의 『대승기신론동현장(同玄章)』, 『대승기신론동이약집(同異略集)』, 승장(勝藏)의 『기신론문답』 태현(太賢)의 『기신론내의약탐기(內義略探記)』 등이 있는데, 현존하는 저술은 원효의 『대승기신론소 · 별기』와 견등의 『대승기신론동이약집』, 태현의 『기신론내의약탐기』만이 있다. 신라 이후 조선시대까지는 유일(有一, 1720~1799)의 『기신론사족(蛇足)』과 의첨(義沾, 1746~1796)의 『기신론사기(私記)』가 있을 뿐이다.

최근에 원효 사상에 관한 일반적 관심이 증폭됨과 더불어 기신론에 대한 관심이 새롭게 일어나 연구, 주석, 강의 및 번역이 많이 이루어지고 있다. 연구 논문으로 은정희의 「기신론소 · 별기에 나타난 원효의 일심사상」, 박태원의 「대승기신론 사상평가에 관한 연구」 등의 학위논문과 이홍우의 「깨달음으로서의 교육: 대승기신론의 교육학적 해석」 등 많은 논문들이 있다. 번역서로는 이기영, 성낙훈, 탄허 등의 『대승기신론소』의 역이 우리말 번역의 기초를 열었고, 은정희의 『원효의 대승기신론소 · 별기』는 한문 원전에 매우 충실하고 철저한 번역을 하였다.

기신론만의 번역 및 주해서로는 오고산(吳杲山)의 『대승기신론 강

---

5) 원효의 『대승기신론』 주해: 『대승기신론소』, 『기신론 별기』, 『대승기신론종요(宗要)』, 『대승기신론료간(料簡)』, 『대승기신론대기(大記)』, 『대승기신론사기(私記)』, 『기신론일도장(一道章)』, 『기승론이장장(二障章)』.

의』, 이홍우의 『대승기신론』, 임진부의 『기신론의 세계』, 송찬우의 『대승기신론, 감산대사 풀이』 등이 있으며, 이 중 특히 이홍우의 『대승기신론』은 서구사상 중심의 교육을 받은 오늘날의 한국 지식인들이 이해하기에 매우 쉬운 언어들로 쓰여 있어서 기신론의 난해성을 덜어 주는 데 크게 도움이 된다. 영어 번역으로는 하케다(Yoshito S. Hakeda)의 *The Awakening of Faith*가 잘 알려져 있다.

2. 기신론의 이론 해설

1) 기신론의 구성

기신론은 본론에 해당하는 정종분(正宗分)의 앞에 서시라 할 수 있는 노래 귀경송(歸敬頌)이 있고, 맨 끝에 결론의 노래인 회향송(廻向頌)이 있다. 기신론 본론은 5개로 분장되어 (1) 인연분(因緣分: 논술의 목적), (2) 입의분(立義分: 논술의 요지), (3) 해석분(解釋分: 상세한 풀이), (4) 수행신심분(修行信心分: 수행과 믿음), (5) 권수이익분(勸修利益分: 수행의 효과와 권유)으로 구성되어 있다. 기신론의 구성 중 우리의 관심 있는 부분만 뽑아 보면 아래와 같다.

- 기신론
  - 귀경송
  - 정종분
    - (1) 인연분
    - (2) 입의분
    - (3) 해석분
      - 현시정의
        - 심진여문
        - 심생멸문
        - 훈습
        - 삼대
      - 대치사집
      - 분별발취도상
    - (4) 수행신심분
    - (5) 권수이익분
  - 회향송

기신론의 이론적 내용은 해석분에서 주로 다루고 있으며 종교적 실

천과 수행은 수행신심분에서 다루고 있다. 우리의 주 관심사인 해석분을 보면,

- 해석분
  - 현시정의(顯示正義)
  - 대치사집(對治邪執)
  - 분별발취도상(分別發趣道相)

인데, 대치사집에서는 흔히 갖기 쉬운 잘못된 견해를 바로잡도록 그 틀린 점을 설명한다. 분별발취도상은 수행인의 수준에 따라 깨달음에로 올라가는 단계를 설명한다. 현시정의에서 기신론의 사상적 이론이 다루어지며, 1심 2문 3대(一心二門三大)라는 기본적 틀이 논의된다. 이를 다시 살펴보면 다음과 같다.

- 현시정의
  - 심진여문(心眞如門)
    - 이언진여(離言眞如)
    - 의언진여(依言眞如)
  - 심생멸문(心生滅門)
    - 심생멸(心生滅) — 아라야식, 구상(九相)체계
    - 생멸인연(生滅因緣) — 삼계유심(三界唯心), 식(識)체계
  - 훈습(熏習)
  - 삼대(三大) — 체대(體大), 상대(相大), 용대(用大)

우리가 논의하려는 자연현상과 인식에 관한 문제는 주로 '심생멸문'에서 찾아볼 수 있는데, 여기서 다루는 내용은 주로 인식의 문제인 만큼 자연과학과 심리학이 밀접히 관련된 내용이다.

2) 기신론의 기본 이론

(1) 일심 이문 삼대(一心二門三大)

기신론의 교리적 내용의 핵심은 입의분(立義分)에 제시되어 있다. 요약하면 '1심 2문 3대(一心二門三大)' 인바,

일심(一心) = 중생심(衆生心): 일체의 현상과 그 본원을 포섭하며, 하나님의 모든 가르침은 이 마음에 의한다.

이문(二門)
- 심진여문(心眞如門): 하나님의 본질 그 자체
- 심생멸문(心生滅門): 인연 따라 나투는 하나님의 속성과 활동

삼대(三大)
- 체(體): 모든 것을 포괄하며 유일 실재인 하나님의 본체
- 상(相): 모든 훌륭한 성질과 무한한 공덕을 갖춘 하나님의 양상
- 용(用): 인과에 따라 모든 좋은 일을 하는 하나님의 활동

기신론에서 가장 중요한 궁극적 개념은 '한 마음〔一心〕' 이며, 이를 종교적 · 철학적 · 심리적 측면 등에서 다각도로 고찰하고, 중생을 깨침과 구제로 이끄는 목표점으로 제시한다. 이 '한 마음' 이 곧 하나님의 마음이자 하나님 그 자체이며,[6] 또한 모든 중생의 본래 마음이다. 이 '한 마음' 이 일체 현상의 근원이라는 것이 기신론의 기본 강령이라 하겠다.

> 이 세계 모든 현상은 거짓이며 오직 마음의 지어 낸 바이다.
> 三界虛僞 唯心所作

기신론의 핵심은 '한 마음〔一心〕' 인데, 이것을 그것 자체 즉 본질적

---

6) '한 마음' 과 하나님의 관계는 「요한복음」 1장 1절의 다음 표현과 비슷하다. "In the beginning was the Word, and the Word was with God, and the Word was God."

측면에서 파악하고 설명하는 일과, 경험적 현상과 관련해서 파악 설명하는 일로 나누어 볼 수 있다. 그러므로 일심(一心)이 이문(二門)으로 벌려지는 것인바,

한 마음〔一心〕 ┌심진여문(心眞如門)
　　　　　　　 └심생멸문(心生滅門)

인데, 이를 오늘날 우리에게 익숙한 표현으로 고쳐 써 보면

하나님 = 　　　　　　　　┌본질적 측면(noumena)
〔유일한 실재(唯一實在)〕 └현상적 측면(phenomena)

으로 바꿔 볼 수 있겠다.

'한 마음' 그 자체를 다루는 '심진여문(心眞如門)'은 우리의 개념과 언어, 형상으로 나타낼 수도 알 수도 없는 궁극의 세계이므로 '공(空)'이란 말로 초경험성을 가리킬 수밖에 없다. 따라서 '중관불교(中觀佛敎)'의 공사상은 바로 '한 마음'의 본질적 측면을 강조한 사상이라 할 수 있다.

한편 '한 마음'이 구체적 경험의 세계에 나투어지는 양상을 다루는 '심생멸문(心生滅門)'은 경험이 이루어지는 인식(認識)에서 주관과 객관의 분리와, 생겼다 사라지는〔生滅〕 현상들의 본성에 대한 고찰로 '유식불교(唯識佛敎)'의 아라야식(Ālaya識)이론을 다루고 있다.

절대(絶對) 무분별(無分別)인 공(空)의 자리에서 어떻게 상대(相對) 분별(分別)의 현상(現象)세계의 경험과 인식이 가능해지는 것인가? 절대 공의 자리를 체(體)라 하면 현상의 움직임과 기능을 용(用)이라 할 수 있는데, 체에서 직접 용이 나투어질 수 없으므로 이 양자를 잇는 다리가 되는 것이 상(相)이다. 다시 말해 불변의 체에서 변하는 사물세계에 응용이 가능해지려면 개념적 도식[7)]을 거쳐서 이루어진다.

그런데 체 · 상 · 용 세 가지 측면이 사실은 '한 마음〔一心〕'이 나투어지는 것이므로 이 마음이 이 세상의 모든 것을 포함한 가장 큰 체 · 상 · 용이 되는 것이며 따라서 일심삼대(一心三大)라 한다. 즉 체대(體大)는 모든 것을 포괄하는 유일한 실재로서 일체의 분별이나 증감이 없다. 상대(相大)는 모든 훌륭한 성질과 공덕을 갖추고 있기 때문이며, 용대(用大)는 경험적 세계와 그 너머 세계의 모든 좋은 인과(因果)를 만들어 내기 때문이다.

이 큰 체 · 상 · 용을 의인화한다면 삼신불(三身佛)과 대응시켜 볼 수도 있다. 법신불(法身佛)은 체대, 보신불(報身佛)은 상대, 화신불(化身佛)은 용대와 대응한다.[8] 이를 좀더 구체화하면 이름으로 불러서 신앙심을 고취할 수 있도록 각각 비로자나불, 아미타불, 석가모니불로 나타내며, 형상화하여 법당에 모시도록 한 것은 신심을 불러일으키려는 하나의 방편이다. 아미타불을 비롯하여 이상적 덕목의 구현인 부처님은

---

7) 칸트의 『순수이성비판』에서 사용한 '도식(schema)'의 개념을 원용했다. "오성의 순수한 개념은 경험적 직관과 비교해 보면, 이것과는 전혀 이종적(異種的)이요, 어떠한 직관에 있어서도 발견될 수가 없다. 그렇다면 어떻게 오성의 순수한 개념 속에 경험적 직관이 포섭될 수 있는가? 따라서 현상에다 범주를 어떻게 적용할 수 있는가? …… 그래서 이제 한쪽으로는 범주와, 다른 쪽에서는 현상과 동종적이어야만 하고, 전자를 후자에 적용할 수 있도록 하는 제삼자가 있어야만 한다는 것은 명백하다. 이 매개적 표상은 순수해야만 하고, 더욱이 일면으로는 지성적이요, 타면에서는 감성적이어야만 한다. 이러한 표상이 선험적 '도식'이다(칸트 저, 최재희 역, 『순수이성비판』, 박영사, p.167, 1989). 본고에서는 경험 이전의 순수한 개념과 경험되는 현상을 잇는 '도식'이 있어야 한다는 칸트적 구성을 원용했을 뿐이다. 경험 요소가 없는 순수한 개념이라도 본고에서 말하는 공(空)이나 체(體)와는 전혀 다름을 강조하는 바이다. 공 또는 체는 일체의 개념을 벗어난 자리이기 때문이다.

8) 삼신불(三身佛) 각각을 삼대(三大)와 대응시킨 이 생각은 엄밀히 말하면 근거가 없는 편이한 대응에 불과하다. 이하 성부, 성자, 성령까지의 비교 대응은 유사점을 강조하는 기억술적 방편으로서 보아야 하며, 분류의 동일성(identity)으로 생각해서는 안 될 것이다.

다양하게 있으며, 이들은 대체로 보신불에 속한다고 하겠다. 석가모니불은 역사적으로 실존한 인물로서 현세의 화신불이다. 석가모니 이전의 과거불도 여럿 있었다고 하며, 미래세에 올 구원의 화신불은 미륵불이라 하여 미륵 신앙이 중생들의 희망을 고취하는 신앙으로 자리잡아 왔었다.

우리나라 고유의 말인 하나님으로 이를 표현하면, 바로 기독교적 표현과 비교되는바, 법신불은 하나님 아버지〔성부(聖父)〕, 보신불은 성령(聖靈), 화신불은 하나님의 아들〔성자(聖子)〕과 대응된다. 이상을 요약하면 아래와 같다.

한 마음〔一心〕	체대(體大): 법신불(法身佛)	= 진여(眞如)	= 비로자나불: 하나님 아버지〔聖父〕
	상대(相大): 보신불(報身佛)	= 여래장(如來藏)	= 아미타불: 성령(聖靈)
	용대(用大): 화신불(化身佛)	= 여래(如來)	= 석가모니불: 하나님의 아들〔聖子〕

(2) 현상과 인식[심생멸(心生滅)]

인식은 주체와 대상의 분리를 전제로 한다. '한 마음〔一心〕'은 이러한 분리 이전의 절대 공의 자리이기 때문에 이를 언어나 형상으로 나타낼 수도 헤아려 알 수도 없다. 그러면 우리가 일상적으로 행하는 객관적 대상의 인식은 어떻게 해서 가능하며 그 기원은 무엇인가?

기신론은 인식에 관련된 네 가지 요소를 설정한다. 진여(眞如), 무명(無明), 망심(妄心), 망 경계(妄境界). 이를 도표로 나타내면,

한 마음〔一心〕 =

〔眞如〕 하나님 + 〔無明〕 사탄

↓

〔妄心〕 나 ←→ 〔妄境界〕 현상

(인식주관) (인식대상)

'한 마음'의 본질적 측면을 인격화하면 하나님〔眞如〕이라 하겠는데, 이 하나님 자리는 맑은 하늘과 같이 공(空)하다. 여기에 어둠〔無明〕의 사탄이, 맑은 하늘에 바람이 불면 구름이 일듯이, 욕망의 바람을 불어 '나〔妄心〕'가 생기면서 대응하여 현상계〔妄境界〕가 일어난다. 그러나 이 전체는 원래 하나이며, 태극이 음양으로 갈라지고 만상으로 벌여지듯 각 요소는 '한 마음〔一心〕'의 갈라 본 양상일 뿐 각각의 요소가 실재인 것은 아니다. 서로 상대적으로 의지하여 나타나는 것이므로 무자성(無自性)이다. 여기서 보듯이 기신론의 주장은 우리의 앞에 전개되는 모든 현상과 그것을 인식하는 주관의 분리 생성의 원인을 무명(無明)이라 보았는데, 성경의 표현을 빌린다면 이가 곧 사탄이라 하겠다.[9] 기신론은 모든 인식대상〔경계(境界)〕과 주관〔아(我)〕의 원인을 무명(無明)이라고 천명한다.[10]

> 일체의 생각과 그 대상은 무명을 원인으로 하여 생긴다.
> 無明 能生 一切染法

이 무명을 기점으로 하여 3단계의 세밀한 인식 성립과정과 6단계의 인식 후 심리적 과정이 차례로 일어나 도합 9단계의 인식과정이 전개된다.[11]

---

9) 하나님은 무명 사탄에 대응하는 '작은 의미의 하나님〔眞如〕'으로도 쓰였고, 진여와 무명을 초월한 모든 것의 근원인 '한 마음'의 '큰 의미의 하나님'으로도 쓰였다. 진여와 무명을 대응 분리시키는 구조는 하나님과 사탄을 대응시키는 성경의 구조와 같다. 맑은 하늘과 같이 공한 진여의 세계에 어떻게 무명이 생기느냐는 의문은 전지전능한 하나님의 나라에 어떻게 사탄이 있을 수 있는가 하는 의문과 같은 것이다.

10) 이홍우, 『대승기신론』, p.103.

11) 이홍우, 위의 책, pp.101-102.

세밀한상
- ① 무명업상(無明業相): '한 마음'에 첫 움직임이 일어남
- ② 능견상(能見相): 인식의 주체가 생김
- ③ 경계상(境界相): 인식의 대상이 따라서 나타남

거 친 상
- ④ 지상(智相): 대상을 분별하고 헤아려 아는 과정
- ⑤ 상속상(相續相): 생각이 일어나 계속 이어지는 과정
- ⑥ 집취상(執取相): 기억에 얽매어 집착하는 과정
- ⑦ 계명자상(計名字相): 언어와 개념을 실체로 보는 과정
- ⑧ 기업상(起業相): 행위의 업을 짓는 과정
- ⑨ 업계고상(業繫苦相): 업에 얽매어 괴로움을 받는 과정

여기서 상(相)이라 함은 일종의 도식〔(圖式) scheme)〕이라 할 수 있으며, 이 상이 인식 주체의 정신적 기능화가 되었을 때 이를 식(識)이라 한다. 상(相)에 대응하는 식을 기신론에서는 다음과 같이 부른다.

상		식	
업상(業相)	→	업식(業識)	다섯 가지 인식〔五意〕
능견상(能見相)	→	전식(轉識)	
경계상(境界相)	→	현식(現識)	
지상(智相)	→	지식(智識)	
상속상(相續相)	→	상속식(相續識)	

이상의 다섯 가지 식은 의지나 감정이 작용하지 않는 보이는 그대로를 보는 인식작용이라 하겠다. 이어서 기신론의 기본적 자연관이 나온다.[12)]

> 그러므로 일체의 욕망(欲望)과 사물(事物)과 관념(觀念), 한 마디로 우리가 생각을 품을 수 있는 모든 대상〔三界〕은 허위(虛僞)이며 오

12) 이홍우, 위의 책, p.111.

직 마음의 조작(造作)이다. 마음을 떠나면 감각(感覺)과 사고(思考)의 대상〔六塵境界〕이 없어진다. 이 말을 풀이하면 다음과 같다. 즉, 모든 사물과 현상은 마음의 작용으로 말미암아 나타나며 상념(想念)에 의하여 생겨난다. 모든 분별(分別)은 마음이 마음을 대상으로 하여 이루어진다. 그러나 마음이 마음을 본다는 것은 논리적(論理的)으로 불가능하다. 그것은 대상이 없는 것을 보는 것이기 때문이다. 요컨대, 현상계(現象界)의 모든 대상은 우리의 무명(無明)과 그로 인한 헛된 마음으로 말미암아 인식(認識)에 자리잡게 된다. 그러므로 일체의 사물과 현상은 거울에 비친 그림자와 같다. 그것은 실체가 없이 오직 마음으로 되어 있으며 따라서 허망(虛妄)하다. 즉, 마음이 생김에 온갖 사물과 현상이 생기며, 마음이 없어짐에 온갖 사물과 현상이 없어진다.

是故三界虛僞 唯心所作 離心則無六塵境界 此義云何 以一切法 皆從心起 妄念而生 一切分別 卽分別自心 心不見心 無相可得 當知世間一切境界 皆依衆生無明妄心 而得住持 是故一切法 如鏡中像 無體可得 唯心虛妄 以心生 則種種法生 心滅 則種種法滅故

사랑과 미움, 집착과 번뇌의 감정은 지식과 상속식에 의하여 일어나는 정서적 작용으로 9상(相)과의 관계에서는

집취상(執取相) ┐
　　　　　　　　├ 의식(意識) = 분별사식(分別事識)
계명자상(計名字相) ┘

이라고 기신론에서는 부르고 있다. 기신론의 용어 의(意)와 의식(意識)은 오늘날의 의미(意: 뜻, 의지; 意識: 정신, 각성 상태)와는 달리 쓰이고 있음을 유념할 필요가 있다. 의(意)는 인식, 의식(意識)은 감정 또는 의지에 가깝다 하겠다. 9상 중 기업상과 업계고상은 언행과 그에 따른 괴로움을 말하는 것이므로 식(識)에는 속하지 않는다.

인식의 기능을 대상과의 상호작용하는 인식주체의 관점에서 분류하면,

5전식(五前識) = 눈〔眼〕, 귀〔耳〕, 코〔鼻〕, 혀〔舌〕, 몸〔身〕의 감각적 정보처리 작용

제6식[13] = 정신 =지(知)적 정신작용
= (계산, 논리, 추리, 언어, 형상 인지, 기억 등의 정신활동)

제7식〔manas식, 末那識〕
= 나〔我〕, 나의 것, 나의 생각〔我所〕이라는 기능을 하는 작용(윤회의 주체로서 '지금의 나'와 '어린 시절의 나' 또 '전생 의 나'를 기억하고 '하나의 나'라고 파악하는 작용)

제8식〔아라야식, Ālaya Vijiñāna, 阿梨耶識, 阿賴耶識, 阿黎耶識〕[14]
= 생멸(상대적 현상)과 불생불멸(절대적 본질)이 하나이면서 같지도 않은 결합 상태. 우주의 모든 현상은 아라야식의 전변이다.

기신론에서는 앞의 7식까지는 직접 언급하지 않으며, '아라야식'에 대해서는 여래장[15]과 관련된 핵심적인 식으로 논하고 있다.

---

13) 이상의 전육식(前六識)은 감각기능을 갖춘 컴퓨터의 기능과 같다. 인공지능은 6식의 활동까지는 시늉할 수 있을 것으로 보이지만, 제7식의 어디까지를 가질 수 있는지는 알 수 없다.

14) 원효는 삼세상(三細相)을 제8아라야식에, 지상(智相)과 상속상을 제7마나식에, 집취상 이하를 제6식에 속한다고 보았다. 법장은 삼세상을 제8아라야식에, 지상 이하를 제6식에 속한다고 보았으며, 제7식을 배제하였다. 은정희, 「대승기신론에 대한 원효설과 법장설의 비교」, 『태동고전연구』 제10집, p.641, 1993.

15) 여래장(如來藏): 여래는 원래 석가모니 부처의 칭호이지만 일반화되어 진여, 절대자를 가리킨다. 장(藏)의 원어인 가르바는 모태(母胎), 배아(胚芽)를 가리킨다. 그래서 여래장은 여래를 잠재적인 상태(또는 가능태)로 감추고 있다는 뜻을 나타낸다. 여래장은 진여의 본질과 현상계 양면을 잇는 중간 가교적 개념이다. 이런 의미에서 칸트의 도식〔schema〕 개념에 비유된다. 현상계에 있으면

마음이 현상으로 나투어지는 것은 '여래장(如來藏)' 에서 비롯되는 마음 작용이다. 그것은 생멸(현상)과 불생불멸(본질)의 두 측면이 하나도 아니고 둘도 아닌 결합으로 이를 '아라야식' 이라 한다. 아라야식은 일체의 현상을 하나로 포섭하고, 또한 이들을 모두 지어낸다.

心生滅者 依如來藏故 有生滅心 所謂 不生不滅 與生滅和合 非一非異 名爲阿黎耶識 能攝一切法 生一切法

아라야식은 우주 전체를, 식(識)의 관점에서, 하나로 보는 것이요, 곧 여래장으로서 모든 것이 이에 갊아 있고 이로부터 생겨난다. 그런데 하나님 당신의 식인 동시에 개체로 분리되어 대상을 인식하는 식이기 때문에 하나라 할 수도 아니 할 수도 없는 식이다.

원효는 세밀한 인식인 업식(業識), 전식(轉識), 현식(現識)까지를 아라야식에 속한다고 보았으며, 분별식인 지식(智識)과 연속성을 꾸미는 상속식(相續識)을 제7식으로 보았다. 융(C. G. Jung)의 정신분석과 비교해 보면

앞5식(前五識) = 감각기능
제6식 = 정신작용
제7식 = 무의식으로 개체의식
제8식 = 집단 무의식

과 유사하다 하겠는데, 제8식(아라야식)을 우주 전체를 포괄하는 식으

서 진여의 본질을 가능태로 갖고 있다. 이는 인간의 구원 가능성 또는 성불할 가능성을 말해 준다.

기신론에서는 한 마음〔일심(一心)〕의 삼대(三大) 중 상대(相大)를 논할 때 여래장은 진여의 모든 훌륭한 성질과 무한한 공덕을 갖추고 있다고 설명하고 있다. 그러므로 진여의 상(相)이 곧 여래장을 가리킨다고 볼 수 있다. 무한한 능력과 공덕을 감추고 있다는 의미에서 '하나님의 품' 이라고 옮길 수 있겠다.

로 보는 점, 이 식에서 모든 개체의식과 자연현상들이 나온다고 보는 점이 융의 잠재의식과는 다르다 하겠다.

(3) 훈습과 깨침의 단계

하나의 우주식인 아라야식은 하나님 그대로의 식〔眞〕과 개별화된 식〔妄〕이 하나도 아니고 다르지도 않게 합해진 식으로서, 분리된 개체의 여러 식(현식, 전식, 업식)을 없애면 참된 자리가 그대로 드러나 깨침의 자리에 들어가게 된다.

분리된 개체가 헛되이 나타나는 근본원인은 무명(無明)이다. 이 무명에 의해 움직임이 일어나 업식(業識)이 되고, 이 업식이 주관을 형성하여〔전식〕 개체의 마음이 되면 이를 망녕된 마음〔妄心〕이라 하겠는데, 이 망심이 무명에 의하여 인식대상〔妄境界〕을 만들고 분별, 집착, 애욕, 번뇌를 일으켜 온갖 괴로움을 겪게 되는바, 이 내려가는 과정을 무명에 기인하는 훈습(熏習: 익히고 젖게 함)이라 한다.

이의 반대 과정으로 생사의 괴로움에 허덕이는 중생으로 하여금 무명에서 벗어나 모든 인식대상이 자신의 헤아리는 생각에서 나온 것〔唯心所作〕임을 깨치고, 생사 없는 궁극의 세계로 나가도록 끊임없이 끌어주는 힘은 자기 자신의 내면에 늘 있는 하나님〔眞如〕의 훈습에 의한 것이다. 우리 중생이 수행을 하여 하나님 나라〔열반〕로 나갈 수 있는 것은 원래 하나님과 내가 하나이며, 망령된 헛생각을 비우면 곧 아라야식의 참모습이 되기 때문이다. 우리가 깨치지 못한 가운데에도 늘 진리를 향하고 신앙을 하는 것은 하나님의 훈습이 있기 때문이다.

하나님의 훈습으로 못 깨침 상태〔不覺〕에서 깨침에 이르는 과정을 시각(始覺)이라 한다. 이 시각은 4단계〔不覺, 相似覺, 隨分覺, 究竟覺〕로 나뉜다.[16)]

---

16) 시각의 4단계는 생주이멸(生住異滅)의 4상(四相)에 따라 분류되어 있다. 보통 사람이 수행을 하여 부처가 되기까지 수행단계를 52위로 나눈 것과 비교하면

① 불각(不覺)

보통사람〔凡夫〕이 갖가지 악업(惡業)을 짓다가 부처님을 믿게 되어, 비로소 악업임을 알게 된 상태. 생, 주, 이, 멸(生住異滅) 중 멸상(滅相)에 해당한다. 악업인 줄은 알았지만 그것들이 허망한 마음의 생각(妄念)인 줄은 모르는 상태.

② 상사각(相似覺)

십주(十住) 이상의 삼현보살(三賢菩薩)이 생각〔心念〕의 이상(異相)으로부터 벗어나 탐, 진, 치 등 분별집착상(分別執着相)에서 벗어나고, 무아(無我)임을 아는 정도의 깨침.

③ 수분각(隨分覺)

초지에서 십지의 보살〔初地 — 十地보살〕이 심념의 주상(住相)에서 벗어나 인식의 대상과 인식주관의 분별이 사라진 경계.

④ 구경각(究竟覺)

십지의 보살이 한 마음이 처음 움직이기 시작한 생상(生相)의 업식(業識)을 멸한 부처의 깨침을 얻은 궁극적인 깨침의 단계.

다음과 같다.

불각 :멸상:10신(十信)

상사각:이상:10해(十解)〔10주(住)와 같음〕, 10행(十行), 10회향(十廻向), 이 단계의 수행자를 삼현보살이라 한다.

수분각:주상:10지(十地) 중 초지에서 제9지까지. 지(地)는 단계를 의미.

구경각:생상:제10지의 수행단계와 여래지(如來地)의 2단계〔무구지(無垢地), 묘각지(妙覺地)〕. 은정희, 「원효의 불교사상」, 『원효의 사상과 그 현대적 의미』, 한국정신문화 연구원, p.203, 1994.

3. 기신론의 자연관

1) 연기론(緣起論)[17)]

우리의 눈앞에 펼쳐져 있는 온갖 생명체와 사물들은 어떻게 생겨나며 그들의 본성은 무엇인가?

이 질문에 대한 답을 불교사상에서는 연기론이라고 하는바, 석가모니 당시의 초기불교로부터 부파불교, 유식불교, 기신론의 시대에 따라 그 내용이 변화 발전되어 왔다. 초기불교의 아함경에 나온 "이것이 있음에 저것이 있고, 이것이 일어남에 저것이 일어난다(此有故彼有, 此起故彼起)"는 가르침이 연기설의 기본적 주장으로 모든 사물과 변화의 절대성을 부정한다. 다른 존재가 없이 홀로 있거나 홀로 규정되는 사물이 없다는 뜻이다. 이는 "절대운동은 있을 수 없고, 모든 운동은 다른 계에 대한 상대적인 운동이다"라는 물리학의 '상대성 원리'의 일반화된 진술이라 하겠다. 운동뿐만 아니라 일체의 존재와 변화가 모두 다른 것을 전제로 하기 때문이며, 다른 것에 의해 상대적으로 규정되기 때문이다. 이 연기설은 제법무아(諸法無我)라는 공(空)의 의미와도 통한다. 어떤 사물이든 그것 자체로서 만의 절대적 특성이 규정될 수 없으므로, 그것 자체의 고유한 성질이란 것이 있을 수 없으며〔無自性〕, 따라서 항상성이 있는 어떤 것〔아(我)〕이 홀로 존재하거나 규정될 수 없는 것이다.

초기 연기설은 '십이연기(十二緣起)'라고도 하는데 사물들이 생겨나서 없어지는 과정을 12단계로 나눈 것이다. 〔무명(無明), 행(行), 식(識), 명색(名色), 육입(六入), 촉(觸), 수(受), 애(愛), 취(取), 유(有), 생(生), 노사(老死)〕. 여기서 사물은 자연현상의 객관적 존재이기보다는 인간의 인식대상으로서 인식과정과 감정적 반응에 따라 나타

---

17) 은정희, 「대승기신론의 진여연기설의 연구」, 고려대학교 석사논문, 1972.

나는 것이라 하겠다. 존재는 단순히 객관적 대상이 아니라 인간의 인식 작용에 의해 나타나는 현상이며 이는 불교 유심사상(唯心思想)의 핵심적 주장이다.

부파불교의 대표적 연기론은 "업감연기(業感緣起)"인데 업(Karma)은 일체 생명체〔유정(有情)〕의 행위에 의해 일어나는 일종의 세력이다. 마음속의 밝음을 가리는 무명 번뇌〔혹(惑)〕가 근본원인이 되어 행을 일으키면 이 행위에 의해 형성된 업은 일종의 세력으로 있다가 적절한 환경조건〔연(緣)〕을 만나면 괴로움 등의 결과를 낳는다. 이 결과는 새로운 행위를 낳아 순환의 고리를 만든다. 업은 불교의 무아설(無我說)과 윤회라는 상반되어 보이는 개념을 조화롭게 결합시키는 역할을 한다. 무아설은 '나〔아(我)〕'라고 부르는 존재는 실재하는 것이 아니고 단지 오음(五陰)[18]의 집합체에 불과한데, 무명과 번뇌에 싸여 어떤 영속적 주체가 있는 것으로 착각하는 것에 불과하다고 주장한다. 이 집합체는 몸, 입, 뜻으로 행위를 하여 업을 짓는데, 일시적 집합체가 해체되어 죽을 경우 업은 그대로 힘을 발휘하여 새로운 오음의 집합체를 낳게 하며 업의 상속(相續)이 이루어진다. 이 업상속을 윤회라고 부른다.

'업감연기'는 생명체들에게만 적용되고 일반적 사물에는 관련이 적은 것처럼 보이지만 사실은 그렇지 않다. 업의 결과로 나타나는 것이 유정세간(有情世間)과 기세간(器世間)으로 생명과 무생명의 모든 것을 포함한다고 보기 때문이다. 유정세간은 각 생명체 개개의 생로병사의 십이연기의 순환을 말한다. 기세간은 일체 중생들의 공동 업력에 의하여 전 우주와 만물이 성주괴공(成住壞空)으로 순환 연기함을 의미한다. 이는 업력이 생명체들의 기억에 의한 활동만에 국한된 것이 아니고, 일체의 자연현상까지 모두 포함함을 의미한다. 물질적 존재들의 생성과 운동 변화까지도 업에 의해서 지배받는다는 것은 불교의 기본 주장인 일체유심조(一切唯心造)와 같은 맥락임을 뜻한다.

---

18) 오음(五陰): 색(色), 수(受), 상(想), 행(行), 식(識)

유식(唯識)불교의 '아라야식 연기설'은 "행위에 의해 지어진 업은 과보를 초래하기 전까지 어디에 갊아 있는가?"란 질문에 답을 제시하고 있다. 지은바 모든 업력은 씨앗(種子)으로 아라야식에 보존되어 있다가 적절한 환경조건이 되면 현상으로 연기한다고 본다.

아라야식은 일체 업종자를 갈무리하는 능력〔능장(能藏)〕과, 갈무리하는 처소〔소장(所藏)〕의 역할을 하며, 제7식(마나식)이 자아의 주체로 고집하는 대상〔집장(執藏)〕이다. 현상계의 일체 만유는 이 아라야식의 활동에 의하여 〔전변(轉變)〕한다고 보는 것이 유식불교의 연기설이다. 앞에서 다룬 업감연기와 유식불교 식(識)체계와의 결합된 이론으로 막연했던 업의 작용을 아라야식을 통한 작용으로 구체화시켰다고 하겠다.

유식불교의 아라야식과 기신론의 아라야식은 진여(眞如 하나님)와의 관계에서 차이가 난다. 유식불교에서는 진여는 형이상학적 존재에 그치고 아라야식의 현상연기에 직접 작용을 하지 않는다. 부동부작(不動不作)의 진여이다. 아라야식은 현상의 연기에 관여하는 헛된 마음의 움직임으로 진여와는 떨어져 있다.

기신론에서는 진여가 중생심의 본체로서 일체현상의 본원이면서 동시에 일체현상으로 나툰다. 따라서 아라야식은 진망(眞妄)이 결합된 식이며, 생멸(生滅)과 불생불멸이 같지도 다르지도 않은 상태로 함께 있는 식이다. 아라야식에서 인식의 대상과 주관을 분리시킨 생각〔념(念)〕을 그치면 곧 하나님 마음〔불성(佛性)〕이 된다. 그래서 기신론의 연기설은 '진여연기(眞如緣起)'라고 한다. 또는 '여래장연기(如來藏緣起)'라고도 하는데, 여래장은 모든 훌륭한 성질과 무한한 공덕을 갊아 있는 하나님의 품으로, 하나님의 본체〔體〕에서 하나님의 활동〔용(用)〕이 나오는 중간 도식이라고 볼 수 있기 때문이다. 그러므로 여래장에 의거하여 아라야식이 연기를 나투게 된다.[19]

---

19) 이홍우, 앞의 책, p.83.

현상의 측면에서 파악되는 마음〔心生滅〕이라는 것은 이른바 여래장을 근거로 하여 전개되는 일체의 정신작용〔生滅心〕을 일컫는다. 여래장은 실재〔不生不滅〕와 현상〔生滅〕이라는 마음의 두 측면이 동일하지도 상이하지도 않은 상태로 결합되어 있는 것을 가리킨다. 여래장은 그 심리측면에서 파악될 때 아라야식이라고도 불린다.

心生滅者 依如來藏故 有生滅心 所謂不生不滅 與生滅和合 非一非異 名爲阿黎耶識

아라야식을 통한 인식 주관과 대상이 나타나는 양상이 곧 기신론의 진여연기설의 구체적 내용인바, 아라야식의 못 깨침〔不覺〕 상태가 업상(業相), 능견상(能見相), 경계상(境界相)의 차례로 마음의 움직임, 인식주관의 성립, 인식대상의 나타남을 이룬다.[20]

'못 깨침〔불각(不覺)〕'은 세 가지 양상으로 나타난다. (물론, 불각의 이 세 양상은 불각과 별개의 것이 아니다.) 첫째는 '무명(無明)의 발동〔무명업상(無明業相), 업상(業相)〕'이다. 이것은 '못 깨침'으로 말미암아 마음이 동요하는 것을 가리킨다. 이 마음의 동요를 '업(業)'이라고 부른다. 깨달은 상태는 마음이 동요하지 않는 상태이며, 마음의 동요는 '괴로움〔고(苦)〕'을 가져온다. '괴로움'이라는 결과는 '무명'이라는 원인과 떨어질 수 없다. 둘째는 '인식주체의 성립〔능견상(能見相), 견상(見相)〕'이다. 마음이 동요함으로 말미암아 인식의 주체가 생기며, 마음의 동요가 없으면 인식의 주체도 없다. 셋째는 '인식대상의 성립〔경계상(境界相), 현상(現相)〕'이다. 인식의 주체가 생김으로 말미암아 인식의 대상이 나타나며, 인식의 주체가 없으면 인식의 대상도 없다.

復次依不覺故 生三種相 與彼不覺 相應不離 云何爲三 一者無明業相 以依不覺故 心動 說名爲業 覺則不動 動則有苦 果不離因故 二者能見相 以依動故 能見 不動則無見 三者境界相 以依能見故 境界妄現 離見則無境界

20) 이홍우, 앞의 책, p.101.

기신론의 경우 일체의 현상은 오직 마음의 지은바〔三界虛位 唯心所作〕로서 이 현상이 연기하는 근본원인은 무명(無明)이고, 무명에 의하여 마음의 움직임〔業〕이 일어나고 이어서 인식 주관과 대상이 나타나며, 다음에 대상을 분별하며〔지상(智相)〕, 이어나가고 기억하는〔상속상(相續相)〕 일이 이루어진다.

기신론의 연기는 현상의 측면에서 보면 무명(無明)이 근본 원인이므로 '무명연기'라고도 부를 수 있겠다. 즉 진여(眞如)가 무명을 매개자로 하여 현상을 생멸하게 한다고 하겠다.

이상의 연기론을 요약하면 다음과 같다.

연기론(緣起論): 인식대상인 사물과 생명체들의 생성 및 변화에 관한 이론이며 기본적으로 유심론이고 순환적이다.

초기불교 십이연기 (十二緣起)	이것이 있음에 저것이 있고, 이것이 일어남에 저것이 일어난다. (此有故 彼有 此起故 彼起)	존재의 상대성
부파불교 업감연기 (業感緣起)	업력(業力)에 의한 연기	무아설(無我說)과 윤회의 조화
유식불교 아라야연기	아라야식에 업종자가 갊아 있다가 조건이 성숙되면 발현	업과 식체계(識體系)의 결합
기신론 진여연기 =여래장연기	진여가 무명을 인으로 하여 마음에 헤아림〔念〕이 일어나 인식 주관과 대상이 연기함	일체의 현상이 마음 작용에 의한 허상임

2) 사물의 본성

(1) 삼세실유(三世實有)

부파불교시대 설일체유부(說一切有部)는 우주만상의 실상에 대하여 경험적 세계의 모든 현상과 존재를 이루는 요소들을 법(法)이라 하고, 이 법을 5종류 75가지〔五位七十五法〕로 분류한다. 현상계의 근본인 일체의 법은 과거, 현재, 미래의 삼세(三世)를 긍(亘)하여 객관적으로 존재한다〔法의 三世實有〕고 본다. 과거의 법, 현재의 법, 미래의 법이 모두 실재로 있다는 주장이 곧 이 부파의 명칭〔一切有〕이 되었다.

이 설에서는 생명체의 몸과 마음은 오온(五蘊)의 일시적 결합체이므로 무아(無我)이지만, 사물 즉 오온의 기본인 법은 객관적 실유임을 주장한다. 오늘날의 언어로 말하면, 인간 등 생명체는 물질의 복잡한 상태에 불과하고, 이 세계는 오직 물질로만 구성되어 있으며 이 물질의 본성은 객관적 실재로 항상 있다는 뜻이다. 이는 20세기 물리학이나 생물학의 견해와 다를 바 없다고 하겠다. 인간의 두뇌에 복잡 미묘한 뇌세포들의 전기 화학적 작용 외에 별다른 것이 따로 있을 수 없다는 것이 '과학적' 견해일 것이기 때문이다. 그리고 이런 물질적 존재들의 기본은 에너지의 보존이나 전하의 보존법칙 등에 의해 삼세에 걸쳐 변화가 없다는 것이 물리학의 기본법칙이기 때문이다.

또하나 특별히 흥미있는 점은 일체의 법이 실유이지만 매 순간순간 생과 멸을 하는 '찰나생 찰나멸'을 한다는 것이다. 삼세에 실유하면서도 순간마다 생멸하는 법의 존재를 인정해야 비로소 '제행무상(諸行無常)'이 엄밀하게 설명될 수 있다고 한다. 법의 순간순간 이합집산에 의해 무상하고 유위(有爲)인 경험적 대상들의 모습을 설명할 수 있다는 것이다.

오늘날의 물리학 술어로 말하면 순간에 생 또는 멸하는 것을 시공간상의 '사건(event)'이라고 하며, 결국 물질적 존재란 사건의 연속에 불과하다는 것인데, 이것이 바로 특수 상대성이론에서 세계를 4차원의 세계로 기술하는 관점이다. 이 관점에서 보면 과거, 현재, 미래가 동등하게 하나의 연속체를 이루고 있으므로, 모든 법〔= 사건〕이 삼세에 긍(亘)하여 실재로 있다는 표현과 똑같게 된다. 법이 경험적 물체가 아니고 근본 요소라는 점도 사건(event)이 물체가 아니고, 물체는 사건들의 집합체라는 점과 일치한다. 이런 점에서 설일체유부의 주장은 오늘날의 물리학과 같은 과학철학적 수준이라 할 수 있다. 그러나 모든 점에서 일치하는 것이 아님을 유의해야겠다. 예를 들면 5위75법의 분류 등은 물리학에는 없는 구체적 사항이다. 또 물질적인 것보다도 심리적, 인식론적 또는 정신적인 요소가 많은 것도 다른 점이다.

(2) 중관불교의 공(空)

반야계의 경전과 나갈주나〔용수(龍樹)〕의 출현으로 정립된 중관(中觀)불교는 공사상을 철저히 하여 일체의 존재와 인식과 논리를 모두 부정하는 것으로 원리를 세우고 있다. 앞의 설일체유부에서 인무아(人無我)이지만 법은 실재한다〔法實有〕고 주장한 데 반해서, 중관불교는 아공법공(我空法空) 또는 인법이무아(人法二無我)라 하여 객관적 대상 역시 공임을 주장한다.

반야경에서 "색즉시공(色則是空) 공즉시색(空則是色)"이라 하여 일체의 물질적 존재〔色〕가 공함을 주장한다. 그런데 공한 것이 곧 보이는 존재들〔色〕이라 하여 일상적 논리를 부정하는 진공묘유(眞空妙有)의 역설이 항상 함께 한다. 그러므로 공사상은 단순한 부정이나 허무주의가 아님은 물론이다. '공 자체를 부정하는 공〔空空〕'은 유와 무를 초월한 것으로 논리와 언어로는 파악할 수 없는 자리이다.

이 부정의 논리는 논리 자체를 부정하는 역설의 변증법이라 하겠다. 나갈주나의 중론〔中論(Madhyamaka-Sastra)〕 첫머리에 있는 팔불게(八不偈)는 대표적인 예이다.[21)]

---

21) 김성철 역주, 『중론』, 경서원, p.25, 1996.

> 생겨나지도 않고 소멸하지도 않으며, 항상 되지도 않고 단절된 것도 아니다. 동일하지도 않고 다르지도 않으며, 오는 것도 아니고 나가는 것도 아니다.
> 不生亦不滅, 不常亦不斷, 不一亦不異, 不來亦不出

기신론에도 이 공의 철학, 부정의 변증법적 논리가 다음의 '사구분별(四句分別)'의 변형에 잘 나타나 있다.[22)]

> 모양이 있는 것도 아니요, 없는 것도 아니며, 있는 것이 아님도 아니요, 없는 깃이 아님도 아니며, 있고 없는 두 가지 모양도 아니며
> 非有相, 非無相, 非非有相, 非非無相, 非有無俱相

일체의 존재와 인식이 공이라는 주장은 부처의 근본사상인 연기(緣起)와 밀접하게 관련되어 있다. "이것이 있음으로 저것이 있다"는 것은 사물은 인식이든 존재방식이든 일체가 상대적임을 의미한다. 사물은 자체 고유의 성질이 있을 수 없으므로 '무자성(無自性)'이며, 공이란 것은 '무자성공'으로 이해된다. 무자성이기 때문에 사물이 다양한 모양으로 연기가 되는 것이며, 그 어느 것도 절대적인 실체가 아니고 공하다는 것이다. 중관불교는 사물뿐만 아니라 인식도 그리고 논리도 모두 공함을 가장 논리적으로 보여 주려 했다. 논리, 언어, 인식, 사념(思念)으로는 헤아릴 수 없는, 경험을 넘어선 본원의 세계를 역설적 언어로 가리켜 보려고 시도했다.

(3) 유식 삼무성(唯識三無性)

초기불교의 유심사상을 언어와 인식의 근본적 반성을 통하여 유식(唯識)사상으로 발전시킨 유식불교는 설일체유부의 제법실유(諸法實有)와 중관불교의 공사상을 식일원론(識一元論)으로 계승 통합시켰다

22) 이홍우, 앞의 책, p.80.

고 볼 수 있다. 아라야식을 업과 연기의 기반으로 하여 모든 인식대상과 인식 주관이 아라야식의 전변에 불과하다고 본다. "오직 식만이 실재하고, 외계는 허위이다"라는 유유식(唯有識)의 실재론적 유심론은 식이 마치 객관적 존재인 것처럼 생각되어 중관불교와 상호 배타적인 것처럼 보인다. 그러나 좀더 자세히 보면 그렇지 않다.

유식이론의 핵심은 식(識)체계와 삼성설(三性說) 그리고 삼무성(三無性)이다. 삼성설은 세계를 세 가지 존재 방식으로 파악한다. 즉, '개념으로 파악된 존재방식', '다른 것에 의지하여 생기는 존재방식', '완성된 존재방식'으로, 각각 변계소집성(遍計所執性), 의타기성(依他起性), 원성실성(圓成實性)이라고 한다.

'변계소집성'이란 개념화된 사물에 불과한 외계 현상이 실재한다고 상정하여 집착하는 것을 말한다. 우리의 인식은 모두 언어와 개념의 틀을 통하여 이루어지는데, 이러한 인간의 인식이 원천적으로 갖고 있는 오류와 미혹을 가리키는 것이다. '의타기성'은 '연기'적 세계의 존재방식이다. 글자 그대로 다른 것에 의지하여 나타나는 것들이다. '원성실성'은 완성된 진실의 것을 의미한다. 주관과 객관의 분별이 사라진 상태이다.

유식사상에서는 오직 식(識)만의 존재를 인정하는 것이고, 삼성(三性)은 인식의 범주를 세 가지로 분류했을 뿐이다. 이런 점에서 우리의 인식은 의타기성을 바탕으로 미혹의 세계와 깨침의 세계로 전개된다고 하겠다. 인식작용은 '다른 것에 의지하는' 성격의 것으로 '연기'의 세계에서 일어나고 있다. 보여지는 것과 보는 것 일체가 연기적 관계에서만 존재성이 인정된다. 그러나 범부는 보는 자(주관)와 보이는 것(객관)을 개념화하고 절대화하여 실재적 존재인양 망상하게 된다. 이것이 변계소집성이다. 이러한 대상의 실체화를 불식하고 연기적 존재임을 증험하여 깨침의 세계를 회복하면 이것이 원성실성이다. 이와 같이 미혹과 깨침의 두 세계는 '연기'의 존재 방식 위에서 전개된다.

존재의 본성에 관한 유식 삼성설은 현상세계에 대한 긍정적이고 유

(有)적인 관점으로 보인다. 중관불교에서 초기불교의 '연기' 사상을 부정의 논리와 공(空)성으로 전개한 것과 대조적으로 유식불교에서는 긍정과 유가 강조되고 있어 서로 대립적인 것처럼 보인다. 그러나 삼성설은 삼무성설(三無性說)을 동반하고 있기 때문에 공사상을 계승 발전시키고 있는 것이다. 즉 삼성과 삼무성은 공을 긍정과 부정의 측면에서 전개하고 있다. '상무성(相無性)'은 변계소집성의 부정이다. 상(相)이란 심적 활동에 의해 인식되고 개념이 설정되는 사물의 고유한 특성이다. 이 상은 변계소집성의 미혹에서 생긴 상일 뿐 실체가 없는 것이므로 상무성인 것이다. 이는 현상 자체를 부정하는 것이 아니고, 개념적 허구인 변계소집성을 부정하는 것이다. '생무성(生無性)'은 의타기성의 부정이다. 연기의 의존관계에 의해 나타나는 존재들은 스스로 존재하는 절대적 자성(自性)을 낳는 것이 아니므로 '생무성'이다. '승의무성(勝義無性)'은 '원성실성'의 무자성이다. 즉 어떤 절대적 진리가 실체로 존재한다는 생각에 대한 부정이다.

삼성론은 이 세계에 대한 긍정적이고 유(有)적인 관점으로 보인다. 그러나 삼성설은 삼무성설(三無性說: 相無性, 生無性, 勝義無性)을 바탕에 깔고 있으므로 공사상을 그대로 계승하고 있는 것이다. 인식대상과 연기하는 현상과 깨침의 세계가 공하여 자성(自性)이 없음을 말하고 있음으로 공즉무자성(空卽無自性)이다.

(4) 기신론의 유심론(唯心論)

기신론에서는 유일한 실재는 '한 마음〔一心〕'이고 여기에 일체의 경험적 현상과 그 본원이 다 포괄된다.

> 이 마음은 일체의 경험적 사실과 초경험적 관념을 포괄한다.
> 是心則攝 一切世間法 出世間法

> 일체의 현상은 마음의 지은 바로 마음을 떠나면 감각과 사고의 대상〔六塵境界〕이 없어진다.

三界虛僞 唯心所作 離心 則無六塵境界

이 '한 마음'은 인격적 표현을 쓰면 하나님 또는 하나님의 마음인데 이것은 어떠한 언어나 사고로도 이해될 수 없는 자리이다. 그런데 이를 현상세계와 그 본질의 세계로 나누어 본다면 심진여(心眞如)와 심생멸(心生滅)로 나누어지는데, 이는 궁극적 하나님을 상대적 하나님과 사탄으로 나누어 파악하는 것과 같다. 즉

一心〔하나님, 유일 실재〕 = ┌ 眞如〔하나님〕
└ 無明〔사탄〕

으로 태극을 음양으로 나눔과 같은 것이며, 현상세계〔心生滅〕의 동인(動因)을 기신론에서는 무명(無明)으로 본다.

진여〔하나님〕의 자리는 언설로 표현할 수 없으며 일체의 개념이나 사물에 대응되는 것이 아니므로 공(空)이라 한다. 또한 논리의 체계에도 속하지 않는다. 그러므로 여기에는 중관불교의 철학이 계승되어 있다.[23)]

> 진여가 '빈 것'이라고 말하는 것은 그것이 원래 현상계에서 지각되는 대상과는 차원을 달리한다는 뜻이다. 그것은 모든 사물의 상이한 성질 또는 양상에서 벗어나 있고 우리의 상념을 초월해 있다. 우리가 명심해야 할 것은, 진여는 그 본성이 다음과 같다는 것이다. 즉, 그것은 양상이 있는 것도 아니요, 없는 것도 아니며, 양상 있음이 아닌 것도 아니요, 양상 없음이 아닌 것도 아니며, 양상 있음과 없음을 동시에 나타내는 것도 아니라는 것, 그것은 양상이 동일한 것도 아니요, 상이한 것도 아니며, 양상 동일함이 아닌 것도 아니요, 양상 상이함이 아닌 것도 아니며, 양상 동일함과 상이함을 동시에 나타내는 것도 아

23) 이홍우, 앞의 책, p.80.

니라는 것이다.

所言空者 從本已來 一切法 不相應故 謂離一切法 差別之相 以無虛妄心念故 當知眞如自性 非有相 非無相 非非有相 非非無相 非有無俱相 非一相 非異相 非非一相 非非異相 非一異俱相

이와 같이 마음은 원래 주관도 대상도 없는 공의 세계인데, 어떻게 해서 복잡 다양한 현상세계가 나타나는 것인가? 이를 이해하려면 먼저 마음〔心〕과 생각〔念〕을 확실히 구분하여야 한다. 생각은 마음의 하늘에 일어난 구름이라 할 수 있고, 또는 마음의 바다에 일어난 파도라 할 수 있다. 현상세계는 바로 이 생각에 의해서 나타나는 허환에 불과하다. 그런데 공한 마음에 생각이 일어나는 것은 무명 때문이라는 것이 기신론의 주장이다.

마음의 본성은 분별의 생각이 없는고로 불변이라 하며, 하나님의 나라에 이르지 못하여 마음이 하나님과 응하지 않아 홀연히 사고 활동이 시작하는 것을 무명이라 한다.

心性 常無念故 名爲不變 以不達一法界故 心不相應 忽然念起 名爲無明

일체의 현상과 사고작용이 모두 마음을 따라 일어나며 미혹된 생각 때문에 생긴다. 일체의 분별은 곧 마음 자체의 분별이다. 그러나 마음이 마음을 본다는 것은 불가능하니, 마음은 인식의 대상이 아니기 때문이다. 현상계의 일체는 중생이 무명사탄에 어두어진 마음으로 갖고 있는 것임을 알라. 거울에 비친 그림자처럼 실체가 아니며, 오직 마음에서 나왔을 뿐이며 헛된 것이다. 마음에 움직임이 생기면서 온갖 현상이 생기며, 마음에 움직임이 없어짐에 갖가지 현상이 모두 사라진다.

一切法 皆從心起 妄念而生 一切分別卽 分別自心 心不見心 無相可得 當知世間一切境界 皆依衆生無明妄心 而得住持 是故一切法 如鏡中像 無體可得 唯心虛妄 以心生 則種種法生 心滅則種種法滅故

이와 같이 기신론의 사물의 본성에 대한 관점은 3단계 유심론이다.

즉, 마음〔心〕 → 생각〔念〕 → 현상〔境界〕으로, 주관과 대상은 분별하는 생각이 만들어 낸 허상이고 무자성 · 공(無自性 · 空)이며, 생각의 일어남을 일으키는 동인(動因)이 무명(無明)이다. 이 생각은 마음의 바다에서 일어나는 파도와 같은 것으로 마음이야말로 실재(實在)인데, 이것은 생각으로 파악할 수 없으므로 공(空)이라고 하고, 그러나 모든 것이 여기에서 나오므로 충만하다고도 할 수 있다. 한편 바닷물과 파도가 하나도 아니고 분리된 것도 아닌 것처럼, 마음과 생각 및 현상이 같지도 다르지도 않은〔非一非異〕 측면이 있다. 따라서 모든 현상은 거짓된 환상〔虛幻〕이란 말과 더불어 현상을 떠나 진여가 따로 있다고 할 수도 없다. 인격적 표현을 쓰면 중생과 부처가 따로 있는 것이 아니고 중생 즉 부처라는 모순된 말이 가능하다. 또는 공즉시색 색즉시공(空則是色 色則是空)도 마음과 생각 및 바다와 파도의 비유에 따라 비춰볼 수 있다.

3) 기신론의 인식체계

유일실재인 '한 마음〔一心〕'은 공적(空寂)하고 불생불멸이라 현상계의 바탕은 되지만 현상계와 직접 연결되는 것은 아니다. '한 마음'과 현상세계를 잇는 중간 가교의 개념이 여래장(如來藏)으로, 이는 '한 마음'이면서 모든 현상을 낳는 도식이 갈무리되어 있다. 이 여래장에 의거하여 아라야식이 있다.[24]

> '현상의 측면에서 파악되는 마음〔心生滅〕'이라는 것은 이른바 '여래장'을 근거로 하여 전개되는 일체의 정신작용〔生滅心(생멸심)〕을 일컫는다. 여래장은 실재〔불생불멸(不生不滅)〕와 현상〔생멸(生滅)〕이라는 마음의 두 측면이 동일하지도 상이하지도 않은 상태로 결합되어 있는 것을 가리킨다. 여래장은 (특히 그 심리적인 측면에서 파악될 때) '아라야식'이라고도 불린다. 아라야식은 모든 사물과 현상을 포괄

24) 이홍우, 앞의 책. 앞의 주 15)번 참조.

> 하며 모든 사물과 현상을 만들어 낼 수 있다. 아라야식은 '깨달음〔각(覺)〕'과 '깨닫지 못함〔불각(不覺)〕'이라는 두 가지 상호 관련된 측면으로 이루어져 있다.
>
> 心生滅者 依如來藏故 有生滅心 所謂不生不滅 與生滅和合 非一非異 名爲阿黎耶識 此識 有二種義 能攝一切法 生一切法 云何爲二 一者覺義 二者不覺義

아라야식은 여래장의 인식론적 측면이라 하겠다. 이 아라야식은 깨친 자〔부처〕가 보면 일체 현상의 본원인 하나님 자신이며, 모든 현상이 이로부터 나오는 것이다. 그러나 무명에 의해 생각〔念〕이 일어나면 못깨친 중생의 개체의식으로 분리되어 주관과 객관의 대상으로 나누어진다. 개체의식은 바다에 비유하면 파도 하나하나가 개체로 인식하면서 바다 자체는 보지 못하는 것과 같다. 바다는 개체의 집단적 잠재의식과 비유되겠는데 이를 아라야식 또는 제8식이라 한다. 나〔我〕와 나의 것〔我所〕이란 의식으로 생과 사를 통하여 윤회하는 의식은 마나식 또는 제7식인데, 이는 잠재의식 중 개체의식이다.

인간이 일상 활동중에 작용하는 정신활동을 제6식과 감각기능인 5식으로 본다. 제6식은 언어, 논리, 정보처리 등의 두뇌 활동으로 컴퓨터의 인공지능에 해당하는 기능이다. 5식은 눈, 귀, 코, 혀, 몸의 5감에 대응해서 일어나는 두뇌의 감각기능을 말한다. 이 6식에 상응하는 신체의 기관을 6근(六根)이라 하고 이것에 의해 몸 밖에 있다고 생각되는 대상들을 6경(六境)이라 한다.

아라야식에서 개체의식이 파생되는 근본원인은 무명인데 이로부터 주관과 대상이 나오고 생각이 계속 일어난다. 이를 기신론에서는 의(意)라고 부른다.[25)]

> 아라야식이 무명의 근거가 된다. 의(意)는 깨닫지 못한 상태에서 발

---

25) 이홍우, 앞의 책, p.109.

생하여 인식의 주체와 대상을 성립시키며 대상에 대한 인식과 집착 등 상념을 끊임없이 일으키는 심리작용을 가리킨다.

以依阿黎耶識 說有無明 不覺而起 能見能現 能取境界 起念相續故 說爲意

이 의(意)를 구체적으로 5개의 인식단계로 나눈다. 업식(業識), 전식(轉識), 현식(現識), 지식(智識), 상속식(相續識)이다. 이들의 의미를 기신론에서는 다음과 같이 설명한다.[26)]

첫째는 '무명을 발동시키는 의지〔業識〕'이다. 이것은 의지가 무명의 작용에 의하여 '못 깨침'의 마음을 일으키는 것을 가리킨다. 둘째는 '인식 주체를 성립시키는 의지〔轉識〕'이다. 이것은 의지가 못 깨친 마음의 태동에 의하여 인식의 주체를 성립시키는 것을 가리킨다. 셋째는 '인식 대상을 성립시키는 의지〔現識〕'이다. 이것은 의지가 인식의 대상인 모든 사물과 현상을 나타나게 하는 것을 가리킨다. 이 면에서의 의지의 작용은 비유컨대 거울이 사물 앞에서 그것을 비추어 내는 것과 같다. 의지는 오관의 대상을 대면하면 즉각적으로 그것을 비추어 낸다. 의지는 어느 때든지 적절한 조건만 갖추어지면 반드시 발동하여, 그 결과로 인식의 대상은 언제나 오관 앞에 나타나 있다.

넷째는 '차별적 지각을 일으키는 의지〔智識〕'이다. 이것은 의지가 마음의 본성에 지각되는 것과 상념에 지각되는 것을 분별하는 것을 가리킨다.

다섯째는 '지각을 계속시키는 의지〔相續識〕'이다. 이것은 의지가 상념을 끊어지지 않게 하는 것을 가리킨다. 의지는 과거 무한한 환생을 거쳐서 품었던 모든 착하고 악한 생각과 행했던 모든 착하고 악한 행위를 그대로 간직하고 잃어버리지 않게 하며, 그로 말미암아 현재와 미래에 당하게 될 모든 즐겁고 괴로운 업보의 열매를 거두는 데에 어김이 없게 한다. 의지는 현재와 과거의 일을 홀연히 떠올리도록 하며

26) 이홍우, 앞의 책, p.109.

미래의 일을 부질없이 근심하도록 한다.

一者名爲業識 謂無明力 不覺心動故

二者名爲轉識 依於動心 能見相故

三者名爲現識 所謂能現 一切境界 猶如明鏡 現於色像 現識亦爾 隨其五塵 對至卽現 無有前後 以一切時 任運而起 常在前故

四者名爲智識 謂分別染淨法故

五者名爲相續識 以念相應不斷故 住持過去 無量世等 善惡之業 令不失故 復能成熟 現在未來 苦樂等報 無差違故 能令現在已經之事 忽然而念 未來之事 不覺妄慮

여기서 업식은 무명에 의해 마음에 움직임이 일어나는 첫 실마리인데 이 상태는 주관과 객관이 아직 생기기 전의 상태이다. 인식주관은 마음의 움직임에 의해 형성되는 '전식'에서 생겨나는데, 이 때는 아직 인식의 대상이 없는 상황으로 인식할 수 있는 잠재적 능력이라 하겠다. 현식에서 비로소 일체의 인식대상이 나타나는데, 이 대상의 나타남은 거울에 상이 비추는 것이나 꿈속의 영상들처럼 실체가 아닌 비춰진 것이다. 특히 시간적인 전후 인과관계를 벗어나 있다.

일상적 인식 및 자연과학적 관찰은 지식(智識)의 단계이다. 이 단계에서 분별하는 인식 활동이 이루어지기 때문이다. 자연과학에서 주관과 분리된 대상을 다루는 것은 이러한 점에서 한계가 있는 피상적 상황이라 하겠다. 좀더 깊이 들어가면 이러한 분리가 불가능하다는 것이 드러날 것이다. 상속식의 단계에서 과거, 현재, 미래에 긍하는 지속적 주체의 관념이 생기며, 윤회와 인과보응이 논의될 수 있다. 오늘날의 과학적 인간관과는 달리 죽은 후 윤회전생의 가능성을 식의 체계로서 설정하고 있다. 이 점의 이해는 정신과 물질의 분리라는 근대과학의 틀을 깨야만 가능해질 것이다.

4. 기신론과 미래 과학

1) 20세기 물리학의 위치: 불교사상사적 관점

코페르니쿠스, 케플러, 갈릴레오 등이 시작하고 뉴턴에 의해 확립된 역학(力學)체계는 20세기 이전까지는 과학의 전범(典範)으로 객관적인 자연의 진리를 대표하는 것으로 여겨졌었다. 역학의 확립에 힘입어 발전한 물질에 관한 화학이론, 전기에 관한 이론, 열 현상의 연구 등이 있었지만 기본적으로 역학의 개념과 이론체계의 바탕 위에 이해될 수 있다고 보았었다. 이를 고전물리학이라 한다. 19세기 말경에는 자연에 관한 중요한 발견은 거의 다 되었고, 새로운 원리나 이론은 더 이상 나올 것이 없다고 생각하는 사람들도 있었다.

20세기에 들어서자마자 갑작스럽게 고전물리학이 그 밑바탕부터 무너지게 되었으니 그것은 상대성이론의 출현과 양자 개념의 도입으로 과학의 새로운 지평이 열린 때문이었다. 20세기의 끝에 도달한 지금, 상대성이론과 양자역학은 자연현상의 기본 이론으로서, 소립자로부터 우주에 이르기까지 모든 현상을 설명할 수 있는 것처럼 보이며, 아직까지는 이 두 이론의 잘못된 점이 발견된 바 없다. 그러나 20세기의 물리학이 완벽하다는 것은 아니다. 단지 이들 이론의 한계가 어딘지 아직 모르고 있다는 뜻이며, 또한 무엇을 해야 좀더 나은 이론으로 발전되는 것인지 모르고 있다는 뜻이다. 예를 들면 상대성이론과 양자이론은 두 개의 독립된 원리체계인데, 이들이 어떻게 하나의 원리체계로부터 나올 수 있는가 등의 질문이 있을 수 있다. 그리고 물리학 이론은 어디까지나 그 시점까지의 학설일 뿐이다. 그것은 계속 발전되고 또는 부정되면서 확장되는 등의 변화를 거듭하게 마련이다. 그렇다면 미래의 물리학은 어떤 방향으로 발전하게 될 것인가? 이를 살펴보는 한 가지 방법으로 부처님의 깨치신 세계에 비추어 물리학을 내려다보는 것도 일리 있는 일일 것이다. 구체적으로 불교의 사상사적 발전에 비추어 물리학의 위치를 가늠해 보도록 시도하는 것도 도움이 될 수 있다.

20세기 물리학의 자연관은 대체적으로 부파불교 시대의 설일체유부(說一切有部)의 관점과 일치한다고 볼 수 있다. 이미 앞에서 논했듯이, 무아설(無我說)에서 사람의 영혼이나 정신의 실체성을 부인하고 생명체를 물질의 일시적 집합체로 본다는 점은 물리학이나 생리학의 생명관과 일치한다. 그리고 현상계를 이루는 물질적 존재들이 객관적 대상으로 실재한다고 보는 관점도 기본적으로 같은 주장이다. 또 일체의 존재를 이루는 기본 요소로 법(法)을 상정하는 것도 물리학에서 원자나 소립자로 모든 물질이 구성되었다고 보는 것과 유사하다. 혹은 물질적 존재보다 더 근본적인 것으로 시공간상의 '사건'을 기본요소로 보는 상대론적 관점과도 유사하다. 양자물리에서 '파동함수'를 기본적 요소로 취급하는 것도 비슷한 맥락이다.

일체 현상이 공(空)하다고 보는 중관불교나, 아라야식만이 유일하게 있으며 일체의 현상은 거짓 환상에 불과하다는 유식불교나, 또는 불교의 기본적인 철학인 유심론의 관점에서 보면 20세기 물리학은 더 커다란 개념 혁명이 필요하다 하겠다.

2) 미래 과학의 전망

(1) 존재의 상대성

연기론(緣起論)의 핵심 주장인 "이것이 있음에 저것이 있고, 이것이 일어남에 저것이 일어난다"는 현상적인 존재는, 혼자 독립하여 있는 절대적인 것이 아니고, 다른 것에 의지하여 있게 되는 상대적인 존재임을 의미한다. 그러므로 어떤 존재이든 그것 자체로서의 고유한 특성을, 다른 것과의 관계없이, 가질 수 없으니 이를 무자성(無自性)이라 하고, 따라서 여타와의 관계 상황에서 일시적으로 나타나는 성질들은 실재가 아니며 영속적인 것이 아니므로 공(空)이라 한다. "일체의 현상적 존재는 절대적 독립성이 없고 오직 다른 것과의 상대적 관계에서만 규정될 수 있다"라고 고쳐 쓴 연기론의 진술을 '존재의 상대성 원리'라고 불러도 좋겠다.

아인슈타인의 '상대성이론'에는 중요한 원리가 몇 있는데 그 중의 첫째는 갈릴레오가 맨 처음 제안한 '상대성 원리'인바, 운동은 상대적이란 내용이다. 어떤 물체의 운동이든 다른 것과 비교할 때 상대적으로 운동하는 것이지, 혼자서 하는 절대운동이란 있을 수 없다. 특히 가속도가 없는 등속운동을 할 때 이 원리는 일상생활에서 쉽게 경험할 수 있다. 가속도가 있는 경우에는 언뜻 생각하기에는 절대 가속도가 있는 것처럼 느껴지지만 중력과의 관계를 고려하면 역시 상대적임이 일반상대성이론에서 밝혀졌다.

아인슈타인의 상대성이론은 '운동의 상대성'에 바탕하고 있다. 두 명의 관찰자가 상호 운동관계에 있을 때 그들 각각이 보는 시공간과 자연현상은 어떻게 관련되는가를 연구하는 것이 상대성이론이다. 연기론을 비롯한 동양사상에서는 운동만이 상대적인 것이 아니라 인식되는 모든 것이 상대적이라고 보는 경우가 많다. 노자의 도덕경(2장)은 좋은 예이다.

> 천하 사람들이 다 아름다운 것을 아름답다고 알지만 그것은 추악한 것이 있기 때문일 뿐이다. 다 착한 것을 착하다고 알지만 그것은 불선(不善)이 있기 때문일 뿐이다.
>
> 그런 까닭에 있는 것과 없는 것은 서로가 낳는 것이고, 어려운 것과 쉬운 것은 서로가 성립시키는 것이다. 긴 것과 짧은 것은 서로 형태를 드러내기 때문이며, 높은 것과 낮은 것은 서로의 고하(高下)가 가지런하지 않기 때문이다. 음(音)과 성(聲)은 서로가 있어야 조화를 이루고, 앞과 뒤는 앞이 있어야 뒤가 따르는 것이다.
>
> 天下皆知美之爲美 斯惡已 皆知善之爲善 斯不善已 故有無相生 難易相成 長短相較 高下相傾 音聲相和 前後相隨

연기론은 모든 현상적 존재가 상대적이라고 주장한다는 점에서 상대성이론의 확장 방향을 제시한다고 하겠다. 그러나 갈릴레오가 제안한 상대성 원리에서 바로 아인슈타인의 상대성이론이 나올 수 없었듯이, 연기설에서 바로 과학적 연기론이 나올 수는 없는 일이다. 아인슈타인의 경우 상대성 원리에 더하여 '광속 일정'의 원리가 필요했듯이 과학적 연기론을 위해서는 무엇인가 새로운 원리를 찾아 내야 할 것이다. 장래에 상대성이론의 발전된 형태로서 과학적 연기론이 정립될 것을 기대해 본다.

(2) 관찰자와 소립자

물리이론에서 관찰의 역할이 중심적 주제로 된 것은 양자역학에서이었는데 특히 하이젠버그의 '불확정성 원리'는 관찰의 한계와 영향에 대한 가장 중요한 발견이었으며, 관찰에 관한 논의를 광범위하게 촉발시켰다. 아직도 양자 현상에서 관찰행위가 현상의 인지에 어떤 관련이 있는가에 대한 이해가 미진하여 여러 가지 논란이 계속되고 있는 중이다. 대체로 간략하게 요약한다면 고전물리학에서는 "관찰과 관계없이 객관적인 자연현상과 법칙이 있으며, 사람은 점점 더 정교한 관찰로 이를 발견하려는 노력을 한다"는 관점이었는데, 양자역학에서는 "관찰은 현상 자체를 흔들기 때문에 현상을 있는 그대로 본다는 것이 불가능하며 따라서 관찰의 정확성에는 피할 수 없는 한계가 있다. 그러므로 관찰과 무관한 독립된 자연법칙이 있다는 주장은 하기 어렵다. 그러나, 관찰대상으로서의 객관적인 자연현상의 존재는 인정한다" 정도로 요약할 수 있다.

기신론의 유심사상에 의하면, 일체 현상이 오직 마음에 의하여 만들어지며 그 과정은 첫째로 무명에 의한 마음의 움직임이 있고, 둘째로 움직이는 마음에서 인식주관이 생기고, 셋째로 인식주관이 성립됨에 인식대상이 나타나며, 넷째로 인식대상들을 분별하는 생각들이 일어난다고 되어 있다. 이는 관찰자와 대상의 관계에 대하여 양자역학의 관점보다 훨씬 강한 주장이다. 객관적 대상이 있으므로 관찰할 수 있는 것이 아니라, 관찰자가 있으므로 대상이 나타난다는 것이다. 양자역학은 이러한 과학으로 발전할 수 있을 것인가? 물질과 정신의 통일적 견해와 같은 비약적인 탈바꿈을 하기 전에는 아마도 힘들 것이다.

양자역학은 물질의 기본을 찾는 과학이기에 20세기 말 현재까지 소립자들의 발견과 그들의 성질 규명을 목표로 많은 진전을 보였다. 그러나 아는 것만큼 모르는 것도 많아서 물질의 기본을 밝히려는 노력은 벽에 부딪쳐 뚜렷한 진전이 없이 오리무중에 빠진 상황이다. 미래의 과학을 전망하는 의미에서 이러한 상황을 맞이하여 다음과 같은 질문을 던져 볼 수 있겠다. '물질의 기본은 가장 간단한 원초적 물질'이라는 기본 가정은 타당한가? 물질의 근본은 물질인가? 유심론의 입장에서는 물질의 궁극이 되는 물질이란 있을 수 없어야 할 것이다. 왜냐하면 그것은 마음이 만들어 내는 환영이기 때문이다. 우리가 던져야 할 의문은 '인식자의 주관에서 물질은 어떻게 생겨나는 것인가?'로 되어야 하지 않을까? 더 이상 분할할 수 없는 궁극적 물질(Atom)을 찾겠다는 환상에서 벗어나야 물리학은 새로운 비약을 할 수 있지 않을까?

(3) 허공법계와 우주

공간은 텅 비어 아무 것도 없으므로 그 곳에서 물체들이 운동을 할 수 있다. 그리고 상하 전후 좌우로 무한히 퍼져 나갈 수 있는데 무한히 펼쳐진 이 전체를 우주라 한다. 이것이 공간과 우주에 대한 상식적 이해라 하겠다. 상대성이론에서 공간은 물체들의 단순한 운동 터 이상으로 시간 및 물질과 밀접하게 연관된 동력학적 체계를 형성하게 됐으며, 그 크기도 시간에 따라 변하며, 태초로부터 종말에 이르기까지 전 역사를 아인슈타인의 장방정식(field equation)에 의하여 계산할 수 있는 과학적 우주론의 대상이 되었다. 또 양자물리의 기본적 법칙에 의해 아무것도 없는 텅 빈 진공이란 있을 수 없으며, 텅 빈 듯한 곳도 자세히 보면 무한히 많은 파동들이 격렬한 활동을 하는 것으로 밝혀졌다. 이상이 대체로 본 양자 상대론적 우주공간 이론이라 하겠는데, 정확히 말하면 양자론과 상대론의 결합은 아직껏 이루어지지 않았기 때문에 우주공간에 대한 이해 역시 미궁에 빠져 있는 상황이다.

불교에서는 공간과 우주는 인간과 별개인 무생명의 빈터가 아니다. 기신론의 경우 모든 대상이 인간의 주관에 의해서 나타나며, 삼계유심(三界唯心)인 만큼 마음을 떠난 독립된 객관적 실재란 있을 수 없는 것이다. 또 관찰자와 분리 독립된 절대적 실체로서의 공간이라는 것은 있을 수 없다. 그러므로 생명과 공간이 밀접하게 연결됐다는 것을 보여주는 다음과 같은 진술은 미래의 과학에서 밝힐 수 있는 일이 될 것이다.[27]

> 동물들은 하늘에 뿌리를 박고 살므로 마음 한 번 가지고 몸 한 번 행동하고 말 한 번 한 것이라도 그 업인(業因)이 허공법계에 심어져서, 제각기 선악의 연(緣)을 따라 지은 대로 과보가 나타나니, 어찌 사람을 속이고 하늘을 속이리요.

저 허공 하늘은 텅 빈 것이 아니며, 양자의 파동만으로 가득찬 물질현상만도 아닌, 인간의 의식과 밀접히 연결된 법계(法界)인 것이다. "일월성신(日月星晨)과 풍운우로상설(風雲雨露霜雪)이 모두 한 기운 한 이치어서 하나도 영험하지 않은 바가 없나니라"[28]란 말씀처럼 일체의 천문기상 현상까지도 인간의 의식과 떠나 있는 것은 없다.

유식(唯識)의 관점으로 볼 때 우주내 일체현상은 결국 '아라야식'의 전변에서 나타나는 허환(虛幻)에 불과하다. 공간과 우주는 물질의 운동터로 보이지만 실은 아라야식의 펼침인 것이다. 눈에 보이는 우주는 광막하여, 빛의 속력으로 간다 해도 태양까지는 8분쯤 걸리고, 은하수 끝까지는 수만 년, 마젤란 성운까지는 수십 만 년, 퀘이자까지는 수억 년이나 걸린다. 이렇게 큰 우주이지만 마음의 전변이란 측면에선 아무런

---

27) 원불교 교전, 대종경 인과품(因果品) 3장.

28) 원불교 교전, 대종경, 변의품 1장.

거리가 없는 '하나'일 수도 있는 것이다. 그러므로 빛에 끌리어 속아 넘어가지 않는다면 우주는 그대로 '한 마음'으로 직관적 파악이 가능할 수도 있지 않을까? 왜냐하면 객체로서의 우주란 우리의 환상에 불과하므로 분별하여 만들면 무한하지만 분별을 멈추면 하나일 것이기 때문이다. 그러면 이것이 어떻게 미래 과학의 영역으로 들어올 수 있을 것인가? 자못 궁금한 문제가 아닐 수 없다.

(4) 물리와 심리의 통일

근대 자연과학의 정립과 성공은 물질현상과 인간의 심리현상을 완전히 분리하고, 엄격하게 통제하여 객관적인 실험과 관찰을 반복할 수 있었기 때문에 가능했다. 정신현상은 주관과 객관으로의 분리도 어렵고 객관적인 실험과 반복적 관찰이 어렵기 때문에 자연과학의 틀 안에서 다루기가 힘들다.

자연과학과 심리학의 이러한 근본적 차이에도 불구하고 미래에는 이 두 분야가 어떤 형태로든 융합될 것으로 전망할 수가 있다. 오늘날에도 유사 과학의 형태로 마음에 의한 물체의 변형과 이동, 정신 집중에 의한 벽을 뚫고 보기, 몸을 공중에 띄우기, 미래 예언 등에 대한 관찰보고 및 대중시연이 행해지는데 이들 중 어떤 것은 사실적인 현상으로 연구가치가 있을는지도 모른다. 이러한 현상들이 20세기 현재로서는 정통과학의 영역 밖에 있기 때문에 혹세무민의 사기행각인지 순수한 이적인지조차 구분하기 힘든 상황이지만 무조건 비과학적이라고 내몰아서는 안 될 것이다. 오히려 자연과학의 틀이 갖고 있는 한계점을 밝힐 수 있는 좋은 힌트로 삼아야 할 것이다.

기신론의 견해를 따른다면 물질과 정신을 나눠 보는 분별식은 낮은 차원의 식이다. 이러한 거친 분별인식은 이보다 세밀한 심식에 바탕하고 있는바 아무런 분별이 없는 한 마음에 무명의 바람이 불면 움직임이 일어나고〔업식(業識)의 생성〕, 이에 바탕하여 인식주관〔전식(轉識)〕이 생겨나며, 인식대상〔현식(現識)〕은 인식주관이 만들어 내는 환상이다.

분별식은 이 인식대상을 구분하여 헤아리고 기억하는 사고 활동인 지식(智識)과 상속식(相續識)이다. 자연과학의 틀은 이 분별식에 바탕하고 있으므로 물리학과 심리학의 통일을 위해서는 세밀한 심식의 수준까지 인식의 수준을 올려야 할 것이다.

물리학과 심리학이 하나의 통일된 학문으로 융합되려면 물리학의 한계를 아는 일이 먼저 있어야 할 것이다. 기신론의 다음 글은 이에 대한 적절한 안내가 됨직하다.[29)]

> 이른바 오음(五陰)의 색(色)과 심(心)을 추구해 보건대, 육진경계(六塵境界)가 필경 생각할 만한 모양이 없으며, 또한 마음에는 형상이 없어서 시방으로 찾아도 끝내 얻을 수가 없으니
>
> 所謂推求五陰色之與心, 六塵境界 畢竟無念, 以心無所相 十方求之終不可得

이 글의 해석을 원효는 그의 『대승기신론소』에서[30)]

> '오음의 색과 심을 추구해 보건대'라고 한 것은 색음(色陰)을 색이라 하고 나머지 넷은 심이라 한 것이다. 각각 해석하는 중에 먼저 색관(色觀)을 해석하였으니, 모든 색을 부러뜨려 극미에까지 이르게 되어도 영구히 얻을 수가 없으며 마음을 떠난 밖에는 생각할 만한 상(相)이 없기 때문에 육진(六塵)이 필경 무념이라 한 것이다. 다만 마음 밖에 달리 색진(色塵)이 없을 뿐만 아니라 마음에서 색을 찾아보아도 또한 얻을 수가 없기 때문에 '마음에 형상이 없어서 시방으로 찾아보아도 끝내 얻을 수가 없다'고 한 것이다.

원효의 해석을 따른다면 물질의 근본을 알기 위해 물질을 계속 쪼개

29) 원효, 『대승기신론소 · 별기』, 은정희 역주, p.314, 1991.

30) 원효, 위의 책, p.315.

나가는 일은 아무리 오래 한들 자연의 궁극적 원리에 달할 수 없다는 것이다. 결국에 가서는 마음 밖에 따로 있는 것이 없음을 인정하게 될 것이다. 이러한 상황이 구체적으로 어떤 계기를 거쳐 도래할 것인지 아직은 짐작조차 되지 않지만, 20세기 말에 소립자 물리학이 부딪친 근본적 장벽은 이러한 시기가 가까이 오고 있음을 예고해 주는 것인지도 모른다. 이런 의미에서 우리는 물리학과 심리학의 통일이 멀지 않은 미래에 시작될 것이라고 조심스럽게 전망해 볼 수도 있다.

참고문헌

김성철 역주, 『중론』, 용수보살저 청목(靑目) 해설, 경서원, 1996.
박태원, 『대승기신론 사상 연구』(I), 민족사, 1994.
三枝充悳 편, 『존재론 · 시간론』, 불교학 세미나 I, 김재원 역, 불교시대사, 1995.
송찬우 역, 『대승기신론』, 감산대사 주, 세계사, 1991.
오고산, 『대승기신론 강의』, 보련각, 1977.
은정희, 『대승기신론 소 · 별기』 역주, 일지사, 1991.
이기영, 『한국의 불교사상』, 삼성출판사, 1990.
이홍우, 『대승기신론』 역주, 경서원, 1991.
일지(一指), 『중관불교와 유식불교』, 세계사, 1992.
임진부, 『기신론의 세계』, 창우사, 1993.
후지타 코타즈 저, 『초기 · 부파불교의 역사』, 권오민 역, 민족사, 1989.
Yoshito S. Hakeda (trans), *The Awakening of Faith*, Columbia Univ. Press, 1967.

부 록

대승기신론 — 번역과 원문

옮김의 말

팔만대장경이란 말에서 알 수 있듯이 불교의 경전들이 방대하고 복잡하여 이를 대충 섭렵만 하려든다 하더라도 얼마나 많은 시간이 들지 가늠하기 어려울 정도이다. 읽기도 어려운데 어느 세월에 그 깊고 넓고 어려운 부처님의 가르침을 다 배워 그 핵심을 파악할 수 있을까? 『대승기신론』은 저자가 말하고 있듯이 불교 교리의 정수를 요약하여 간결한 문장으로 명료하게 제시함으로써 독자로 하여금 핵심을 더위 잡을 수 있도록 하였다. 그래서 오랜 세월 동안 대승불교의 기본 교과서의 역할을 해 왔으며, 원효를 비롯한 많은 고승들이 주석서를 냈고 오늘날에도 끊임없이 연구되고 있다.

『대승기신론』 및 그의 주석서인 『대승기신론소』 등은 불교 및 원효 사상에 대한 관심이 높아지면서 우리말로의 번역도 이미 여러 편 나와 있다. 여기에 또 하나의 번역을 더하는 것은 그 나름대로의 목적이 있어야 할 것이다. 번역은 알지 못하는 언어로 된 원전을 알 수 있는 글로 옮기는 것이니, 여기서는 한문을 우리말로 옮기는 것이다. 그런데 번역은 한문 단어를 우리말 단어로 바꿔 놓는 단순한 기계적인 작업이 아니라 제2의 창작이라 불릴 만큼 역자의 정신과 언어 구사능력 및 원전에 대한 이해와 태도가 반영되는 일이다. 따라서 같은 하나의 원전을 번역했다 하더라도 옮긴이에 따라 그 맛이 사뭇 다르게 느껴질 수 있다. 그래서 본 역자는 『대승기신론』을 우리말로 옮겨 쓰는 데 몇 가지 나름의 목표를 설정하였다.

첫째로, 될 수 있으면 한자 용어는 피하고 우리말로 쓰도록 노력했다. 이미 한자를 읽지 못하는 독자가 대부분인 시대에 독자가 쉽게 이해 할 수 있도록 하려면 쉬운 우리말로 쓰는 것이 도움이 될 것이기 때문이다. 그런데 『대승기신론』과 같이 높은 수준의 철학적 논서를 완전히 우리말로 쓴다는 것은 매우 어려운 일이어서 이 목표는 어느 정도 선에서 멈추고 이 방향의 시도를 했다는 정도로 만족하기로 했다. 앞으로 한글 세대가 더 많아지면서 좀더 우리말로 고쳐 쓰는 일이 계속되어야 할 것이다.

둘째로, 한문과 우리말을 문단별로 대역하는 것이 흔한 번역 형태인데, 이것은 우리말로만 읽어서는 뜻이 불분명할 때 한문 원전을 참조케 하는 장점이 있다. 그러나 전체를 우리말로만 읽어도 뜻이 통하고 분명해야 제대로 된 번역이라 할 수 있을 것이므로 여기서는 대역을 하지 않고 전체를 우리말로 옮겨 놓았다. 물론 이것이 원하는 수준에 이르지는 못했지만, 우리말만으로 불교 교리들을 명료한 이해가 되도록 하는 것을 목표로 할 때, 이 목표에 이르기 위한 중간 단계의 노력이라고 할 수 있겠다.

셋째로, 서구 중심의 교육을 받은 대부분의 오늘날 한국인에 친숙한 개념들을 쓰도록 했는데, 이 점에 있어서는 이홍우 역주의 『대승기신론』과, 임진부의 『기신론의 세계』가 이미 잘 되어 있기에 거의 그대로 따랐다.

끝으로, 이 번역의 가장 중요한 특징으로 '하나님'이란 용어를 사용하여 불교와 기독교의 사상적 접근과 상호 이해가 가능하도록 시도하였다. 같은 우리말로 쓰여졌다 하더라도, 동양 문화와 서구 문화 특히 불교와 기독교는 서로의 이해를 가로막는 언어와 개념상의 커다란 차이가 있다. 두 사상이 본질적으로 달라서가 아니라 단지 각자가 사용하는 언어와 개념이 서로 다르기 때문에 상호 이해가 불가능할 수가 있다. 그래서 영어와 우리말이 번역을 요하는 것과 마찬가지로 불교와 기독교의 언어를 서로 소통시켜 주는, 두 문화권간의 번역이 또한 필요하다. 이런 점에서 역자는 『대승기신론』을 번역하면서 기독교적 표현을 많이 사용함으로써 우리말로의 옮김이면서 동시에 서구적 지성인의 기독교 언어로의 옮김이 되도록 노력하였다. 이것이 두 종교의 근본 정신의 상통성을 파악하는 데 도움이 되었으면 하는 마음에서였다. 아래에 나오는 용어 해설은 기신론에 나온 주요 개념 중 기독교적으로 바꿔 쓴 것들을 일부 따로 모아 놓았고, 일부는 우리말 표현을 참고삼아 실었다. 그리고 하나님이란 어휘에 대한 옮긴이의 견해를 설명하려고 시도해 보았다. 일찍이 Rev. Timothy Richard가 『대승기신론』을 기독교적 사상과 완전히 일치한다고 보고 영어로 *The Awakening of Faith in the Mahayana Doctrine, the New Buddhism*(Shanghai, 1907)을 내었다고 한다. 유감스럽게도 이 책을 구하지 못하여 참조하지 못했으나, 그와 본 역자의 생각은 크게는 같을 것이라 짐작한다.

이 번역을 준비하면서 가장 많이 전거한 책은 이홍우 역주의 『대승기신론』이며, 임진부의 『기신론의 세계』, 오고산의 『대승기신론 강의』, 은정희 역주의 『대승기신론 소 · 별기』를 많이 참조하였다. 또 영어로 된 Hakeda의 *The Awakening of Faith*도 참조하였다.

차례를 나눈 것은 오고산을 따랐고, 95개의 문단 번호를 매긴 것은 이홍우의 주역서를 그대로 좇았다.

용어 해설

(1) 하나님

우리말 중에서 '한' 처럼 다양한 의미를 품고 있는 낱말도 드물 것이다. 숫자로써 하나를 뜻하는 데서 첫 번째, 유일성, 동일성〔한가지, 한결같다〕의 의미가 이끌어져 나오는 것은 당연하다 하겠다. 그러나 이러한 숫자적 사용에서 양적으로 크다〔한길, 한숨, 한사리, 한근심, 한비, 한믈(홍수)〕, 많다, 성하다〔하나한(많고 많은), 한더위, 한물(성한 때), 한바탕, 한잠, 한창〕, 가득하다〔한사발, 한껏〕, 바른〔한복판, 한낮, 한밤중, 한여름〕, 대략〔한 세 시쯤 되었다, 나이가 한 50세는 되어 보인다〕 등 여러 가지로 변용되고 있다. 양적으로 크다 에서 위계상 크다 또는 높다의 의미로 돌려져서 한〔할〕아버지, 할머니의 접두어로 쓰이고, 높은 것의 우두머리라 할 수 있는 하늘 또한 '한' 을 뿌리로 하는 낱말이다. 이로부터 가장 높으신 분을 나타내는 하느님, 한울〔천도교에서 온 세상 또는 큰 나라로 쓰이는 말〕님, 한얼〔대종교에서 우주를 이르는 말〕님으로 자연스럽게 인격적 신앙의 대상으로 된다. 어쩌면 임금에게 붙이는 신라인이나 몽고인 들의 '칸' 도 '한' 에서 나온 것일지 모른다. 신라의 내물왕부터 지증왕까지 사용한 마립간(痲立干)의 간(干)과 징기스칸(成吉思汗) 등의 칸(汗)도 어쩌면 '한' 의 변형과 무관하지 않을지 모른다는 상상을 해 보는 것이다.

이 외에도 '하' 자를 뿌리로 하여 나온 해, 환하다, 훤하다〔밝다, 탁트이다〕, 하얗다, 희다는 우리나라 우리 겨레를 상징하는 낱말로 옛부터 쓰여왔다. 아마도 옛날에 하늘나라와 지상의 나라를 다스린 환인(桓因), 환웅

(桓雄), 환검(桓儉)과 단군이 세운 나라 환국(桓國)도 모두 '한'의 한자적 표기로 환(桓)을 썼을 가능성이 높다. 오늘날에도 우리나라의 상징으로 '한'을 쓰는 우리의 전통은 계속되어 한글, 한국, 한겨레, 한나라 등으로 쓰이고 있다.

'한'은 크고 유일하며 하늘 같은 높은 뜻을 갖춘 만큼, 우주 만물의 창조자요 지고한 신앙의 대상을 '하나님', '하느님', 한얼님', 한울님' 등으로 인격화하여 부르는 것은 당연한 것이며 실제로 우리 겨레의 마음 속 깊이 신앙의 뿌리로써 자리잡아 왔었다. 이것은 우리 민족의 집단의식을 형성하고 있다고 하겠다. 그러므로 누구나 위기 상황에 물리면 '아이고 하나님'이란 말이 절로 나오게 되어 있는 것이다.

오늘날에도 우리는 하나님 또는 하느님을 가장 자연스런 신앙의 대상으로 느낀다. 이 하나님이란 관념은 다른 나라나 다른 종교에도 모두 있으나 다만 서로 부르는 명칭이 다를 뿐이다. 노자의 도교에서는 이를 '도(道)'라 하고, 유교에서는 '태극(太極)' 또는 '무극(無極)'이라 하였고, 증산교에서는 '상제(上帝)', 원불교에서는 '법신불 사은', 힌두교에서는 '브라만', 이슬람교에서는 '알라', 유태교와 기독교에서는 '여호와' 등으로 언어가 있는 곳에는 그에 따른 하나님의 명칭이 있게 마련이다.

불교는 한국에 전파된 지 이천 년에 가까워오건만 그리고 우리 민족의 정신과 문화와 생활에 더 할 수 없이 깊은 영향을 끼쳐 왔건만 그 설법과 경전들만은 한자를 고집하여 우리의 고유한 언어를 사용하는 데 게을렀던 연유로 부처님의 가르침을 마음에 바로 와 닿게 하는 데 큰 어려움을 겪어 온 일면이 없지 않다. 그 중 가장 대표적인 것이 법신불(法身佛) 또는 비로자나불이 곧 하나님인데 이를 쓰지 않은 점이라 하겠다. 곁가지로 덧붙여 말한다면 부처님의 자비는 예수님의 사랑과 다를 것이 아무 것도 없는데, 자비란 말과 사랑이란 말이 우리 가슴에 와 닿는 정도를 비교하면 교화에 미치는 어휘 선택의 중요성을 곧 알 수 있을 것이다.

불교와 기독교가 다같이 법신불 하나님의 신앙과 실천을 위한 종교의 구체적 실현에 불과한데, 마치 그들이 상호 배타적 심지어 적대적 관계인양 오도되고 있는 것은, 다른 많은 이유를 생략하고, '하나님'이란 고유한 우리 언어를 양쪽에서 달리 대한 데에도 적지 않은 연유가 있다고 본다.

세계의 모든 종교도 그 근본되는 원리는 본래 하나인데, 단지 언어와 제도의 차이 때문에 서로 융통을 보지 못하는 일이 없지 않다. 이로 인해 우리의 삶과 문화를 높이고 풍요롭게 해야 할 다양한 종교들이 오히려 분열과 대립을 조장하는 수도 없지 않다. 이러한 어리석음을 피하고 제불제성의 본의를 살리기 위해서 이제 우리는 바깥에서 들어오는 종교와 문화를 우리 자신의 언어와 심성으로 아우르고 녹이어 우리 자신의 종교와 문화로 다시 만들어 내야 하겠다. 그리하여 온 세상의 모든 종교와 다양한 사상이 이 땅으로 다 모여들어 서로 어우러져 새로운 하나로 화하도록 해야 하겠다.

(2) 주요 어휘

진여(眞如)	하나님(그대로), 진여
여래(如來)	하나님의 아들(하나님께서 그대로 오셨다는 뜻)
여래장(如來藏)	하나님의 품
법신불(法身佛)	하나님 아버지
보신불(報身佛)	하나님의 성령
응(화)신불〔應(化)身佛〕	하나님의 아들(몸으로 나투신 하나님)
법신(法身)	하나님 당신, 하나님 아버지, 진리(의 몸)
불(佛)	깨치신 분, 부처님
마하연(摩訶衍)	큰 수레, 하나님
보살(菩薩)	보살성인
범부(凡夫)	보통 사람
중생(衆生)	중생, 뭇 생명
이승(二乘)	(단순) 지식인
선지식(善知識)	훌륭한 수행자
심(心)	심, 마음
일심(一心)	한 마음, 하나님 마음
법(法)	진리, 현상과 본원

정법(淨法)	하나님의 진리
염법(染法)	현상, 현상세계
보리지법(菩提之法)	하나님의 진리
열반(涅槃)	열반, 천국열반, 하나님 (나라의) 열반
념(念)	상념, 생각, 헤아림
무명(無明)	무명, 무명사탄
각(覺)	깨침
불각(不覺)	못 깨침
본각(本覺)	깨침의 본체
시각(始覺)	깨침의 과정
진각(眞覺)	참 깨침
구경각(究竟覺)	옹근 깨침
비구경각(非究竟覺)	설 깨침, 덜 깨침
수분각(隨分覺)	버금 깨침
상사각(相似覺)	얼추 깨침

믿음의 큰 수레

(우리말 대승기신론)

1. 받침의 노래[歸敬頌]

1. 온 누리에 두루한 지혜와 위 없이 뛰어난 능력으로
걸림 없이 몸을 나투시어 온 세상 구원하시는 큰사랑의 님께
저 몸으로 나투신 하나님의 성령과 진리의 바다에
무량한 공덕을 품고 진리 그대로 수행하는 님들께
이 목숨 받들어 돌아가오니
뭇 생명들로 하여금 의혹과 그릇된 집착을 버리고
바른 신앙의 큰 수레를 타 부처님의 가르침 끊이지 않게 하소서

2. 본론(正宗分)

1) 인연분 (因緣分): 논술의 목적

2. 이 논서에서는 신앙의 뿌리인 하나님의 진리를 논하고자 하며, 이를 다섯 부분으로 나누어 하겠다. ① 인연분(因緣分): 논술의 목적, ② 입의분(立義分): 논술의 요지, ③ 해석분(解釋分): 상세한 풀이, ④ 수행신심분(修行信心分): 수행과 믿음, ⑤ 권수이익분(勸修利益分): 수행의 효과와 권유.

3. 먼저 이 논서의 목적을 말하겠다.

4. 문: 이 논서를 지은 목적은 무엇인가?

답: 여덟 가지 목적이 있다.

① 총괄하면 중생들로 하여금 일체의 괴로움에서 벗어나 궁극적인 즐거움을 얻게 하려는 것이며, 세속적인 명리나 존경을 구하게 하려는 것이 아니다.

② 하나님의 아들께서 가르치신 근본 뜻을 풀이하여, 중생들로 하여금 바르게 알아 그릇되지 않게 하려는 것이다.

③ 훌륭한 자질을 갖춘 중생들로 하여금 하나님 신앙을 확고히 하여 물러섬이 없게 하려는 것이다.

④ 자질이 부족한 중생들로 하여금 믿음을 닦고 익히게 하려는 것이다.

⑤ 나쁜 업장을 없애어 선한 마음을 잘 지키며, 어리석고 교만한 마음을 멀리하는 방편을 보여 줌으로써 사악한 그물에서 벗어나게 하려는 것이다.

⑥ '멈춤〔止〕'과 '꿰뚫어 봄〔觀〕'의 수행법을 보여 줌으로써 보통사람과 지식인이 빠지기 쉬운 잘못을 막으려는 것이다.

⑦ 생각을 염불 하나에 모으게 하여 부처님 앞에 다시 태어나 물러섬이 없는 확고한 믿음을 얻도록 하려는 것이다.

⑧ 수행의 효과를 보여 줌으로써 그 정진을 권유하려는 것이다.

이상의 목적에서 이 논서를 지었다.

5. 문: 이러한 가르침은 경전에 다 있는데 왜 다시 논서를 쓸 필요가 있는가?

답: 경전에 이 내용이 있긴 하나 중생의 천성과 수행이 같지 않아 받아들이고 이해하는 능력이 제각각이기 때문이다. 하나님의 아들이 이 세상에 계실 때에는 사람들의 능력이 뛰어났고 가르

치는 분의 용모와 마음과 행위가 빼어났었다. 훌륭한 가르침을 한번 펼치매 모든 사람이 다같이 이해할 수 있었기 때문에 따로 논서를 지을 필요가 없었다.

그러나 하나님의 아들이 돌아가신 뒤에는 사정이 달라졌다. 자력으로 널리 듣고 이해하는 중생도 있고, 역시 자력으로 조금 듣고도 많이 이해하는 중생도 있고, 또는 자력이 부족하여 많은 해설을 들어야만 이해하는 사람도 있다. 한편 사람들 중에는 방대한 법문이 번거롭게 느껴지고 오히려 '다라니' 처럼 짧으면서 많은 뜻이 요약된 글에서 가르침을 얻는 사람들도 있다. 이 논서는 이러한 사람들을 위하여 하나님 아들의 한량없이 넓고 크고 깊은 가르침을 간추려 총괄적으로 설명하였다.

2) 입의분(立義分): 논술의 요지

6. 이 논서의 저술 목적에 이어 그 요지를 말하겠다.

7. 이 논서에서는 '하나님의 큰 수레' 를 두 측면에서 밝히고자 한다. 첫째로, 그것이 무엇인가를 말하고, 둘째로, 왜 큰 수레인가를 말하겠다. '큰 수레' 란 곧 중생의 마음이다. 이 마음이 모든 현상과 그 본원을 품고 있는 것이며, 하나님의 모든 가르침은 이 마음에 의한다. 참마음 그대로가 하나님의 본바탕〔本體〕이고, 마음이 인연 따라 나투어진 것이 하나님의 나타난 속성이며 활동이다.

8. 왜 큰 수레인가를 세 가지로 말하겠다. 첫째로, 바탕이 가없이 커서 모든 것을 포괄하고, 오직 하나의 참 실재로서 나뉘거나 늘고 줆이 없다. 둘째로, 속성이 한량없이 큰 하나님의 품〔如來藏〕으로 온갖 공덕의 씨가 다 갊아 있다. 셋째, 크신 활동으로 경험세계와 그 너머 세계의 모든 일에 좋은 인과(因果)를 낳는다.

이 수레는 모든 부처님께서 본래 타고 있는 것이며 모든 보살성인들도 이를 타고 하나님의 나라에 이르는 것이다.

3) 해석분(解釋分): 상세한 풀이

9. 이제 논서의 요지를 상세히 풀이하겠다. 먼저 그 뜻을 올바로 밝히고, 다음에 틀린 견해를 바로잡으며, 끝으로 수행단계를 설명하겠다.

(1) 기본 이론

10. 하나님은 곧 '한 마음'인데, 이를 두 가지 측면으로 파악할 수 있다. 첫째는, '참 그대로의 마음'이고, 둘째는, '나투신 마음'이다. 이 두 마음은 각각이 일체의 현상과 본원을 포섭하고 있는 바, 그 까닭은 이 둘이 따로이 존재하는 것이 아니라 하나에 대한 두 가지 파악방식이기 때문이다.

① 마음의 본성〔心眞如門〕

11. '참 그대로의 마음'은 일체의 현상과 그 본원을 온통 포괄하는 오직 하나인 실재이다. 이 근본 마음은 생겨나거나 사라지지 않는다. 온갖 현상이 다르게 보이는 것은 오직 우리의 생각 때문이며, 생각을 비우면 일체의 인식대상이 없게 된다. 그러므로 모든 현상과 그 본원은 원래 말로 설명할 수도 없고, 이름 붙일 수도 없으며, 머리로 이해할 수도 없다. 궁극적인 절대평등으로, 나누어 가를 수 없으며, 변하거나 부서지지 않는 오직 '한 마음'인고로 '하나님'이라 부른다.

일체의 말은 실체를 가리킬 수 없는 헛 이름일 뿐이며 다만 생각을 나타낼 뿐 참 하나님을 보여 줄 수는 없다. '하나님'이라는 말 또한 어떤 것을 가리키는 것이 아니다. 사실 언어의 극치는

'말로써 말을 버려야 한다'고 말하는 것이다.
'하나님'의 세계에는 버릴 것이 하나도 없어 일체가 모두 참되고, 또한 따로이 내세울 것도 없으니 모두가 한결같은 때문이다. 일체의 현상과 그 본원은 설명도 생각도 할 수 없는 것이기 때문에 '하나님'이라고 이름 붙였을 뿐임을 알아야 한다.

12. 문: 그렇다면 하나님의 나라로 가는 길을 어떻게 알며 어떻게 들어갈 수 있겠는가?
답: 비록 말로 설명하지만 말로 설명될 수 있는 것은 아무 것도 없으며, 생각을 하지만 생각으로 파악될 수 있는 것은 하나도 없다는 것을 알면 이것이 곧 그 길을 아는 것이고, 일체의 생각에서 벗어남이 바로 그 나라에 들어가는 것이다.

13. 그러나 '하나님'을 억지로라도 말로써 나타내 보자면 두 가지 서로 모순되는 표현을 쓸 수 있다. 하나는 '텅 빔 그대로'인바 사물의 궁극적 실상을 드러낸 측면이고, 둘은 '가득 참 그대로'인바 그 본바탕에 근본 공덕이 빠짐 없이 갖추어져 있음을 보이는 측면이다.

14. 텅 비었다는 말은 하나님은 원래 일체 현상의 세계로부터 초월해 있다는 뜻이다. 즉 일체만물의 나뉘어진 모습과 우리의 헤아리는 생각에서 벗어나 있다.
하나님의 본성은 있다, 없다, 있지 않다, 없지 않다, 동시에 있으며 없다의 어떤 말로 해도 틀리며, 하나다, 다르다, 하나가 아니다, 다르지 않다, 하나이며 동시에 다르다의 어떤 말로 해도 역시 틀린다.
요컨대 모든 중생은 헛된 마음이 있어 생각으로 현상을 분별해 보기 때문에 모든 것이 그 실상과 일치하지 않으므로 '비었다'고 말할 뿐, 생각을 비운다면 '비었다' 고 할 것조차 없다.

15. '가득 참' 이란 말은 그것이 현상의 본체를 드러낸다는 뜻이다. 다만, 그 본체는 생각의 대상이 없는 '빈 것' 이며, 바로 '참마음' 이다. 그것은 언제나 똑같아 변함이 없고 원래의 맑음 그대로 가득 차 있으므로 '가득 참' 이라 한다. 그러나 보거나 생각할 수 있는 것이 아니며, 오직 스스로 터득하여 증거할 수 있을 뿐이다.

② 마음과 인식〔心生滅門〕

16. '나투신 마음' 은 '하나님의 품' 에서 비롯되는 마음작용을 일컫는다. 그것은 생멸과 불생불멸의 두 측면이 하나도 아니고 둘도 아닌 결합으로(인식론적 측면에서) '아라야식' 이라 한다. 아라야식은 일체의 현상을 하나로 포섭하고 또한 이들을 모두 지어낸다. 이것은 '깨침' 과 '못 깨침' 의 두 가지 측면이 있다.

17. '깨침' 이란 생각을 떠난 마음의 본바탕을 일컫는다. 생각이 사라진 마음은 허공과 같이 온누리에 미치지 않는 곳이 없고, 모든 현상의 분별이 없는 한 양상으로 이것이 곧 '하나님 아버지의 몸' 이다. '깨침' 이 곧 '하나님 아버지' 바로 그 분과 하나됨이란 뜻에서 '깨침의 본체' 라 한다. '깨침의 본체' 는 '깨침의 과정' 에 대비한 말이지만 깨침 그 자체에 있어서는 똑같다. '못 깨침' 은 '깨침의 본체' 에 의하여 있게 되며, '깨침의 과정' 은 '못 깨침' 에 의하여 있게 된다.

18. 마음의 근원까지 철저히 깨침을 '옹근 깨침' 이라 하고 그렇지 않으면 '설 깨침' 이라 한다. 보통 사람이 지난날의 생각이 나쁜 일을 일으켰음을 알게 되어 다시 그런 생각이 일지 않도록 한다면 이것을 깨침이라고 할 수도 있겠으나 실은 그렇지 않다. 어느 정

도 지혜를 갖춘 지식인이나 새내기 수행자가 생각은 끊임없이 변한다는 것을 알아 이런 가변적 생각을 없애 분별 집착하는 관념에서 벗어난 것은 '얼추 깨침'이라 하겠다. '하나님 아버지'를 보게 된 보살성인이 현상을 인식하는 개념의 허망함을 깨쳐 이들을 버리고 대상을 분별하는 사고를 멈추는 것은 '버금 깨침'이다. 수행을 완성하여 온갖 방편을 다 갖춘 부처님은 한 생각에 하나님과 마주하여, 마음이 일어나는 첫 실마리를 보아, 그 미세한 생각까지 버리어 '참 마음'을 봄에, 늘 그 마음에 머물 수 있으니 이를 '옹근 깨침'이라 한다.

이래서 "중생이 생각 없는 상태를 통찰할 수 있다면 곧 부처님의 지혜로 나아가는 것이다"라고 경에서 말한다.

19. '마음이 하나님을 떠나 일어난다'는 것을 보여 주는 실마리는 애시당초 있을 수 없는 일인데, 이 실마리를 안다고 하는 것은 모든 생각을 비웠음을 뜻한다. 일체 중생은 이 경지에 이르지 못했기 때문에 깨침을 얻지 못했다고 한다. 그들은 본래부터 생각에 생각이 끊임없이 이어져 잠시도 벗어난 적이 없기 때문에 태초 이전부터의 '무명(無明)'이라 한다.

모든 생각을 비운 이는 마음의 네 가지 작용하는 양상—생각이 일어나고〔生〕, 머물고〔住〕, 바뀌고〔異〕, 사라짐〔滅〕—을 안다. 생각을 비운 것은 하나뿐인 상태로서 '깨침의 과정'도 사실 여러 단계로 나뉠 것이 없다. 마음의 네 가지 양상도 동시에 있는 것이요 따로따로 일어나는 것이 아니며 본디 같아서 '깨침' 또한 하나일 뿐이다.

20. '깨침의 본체'를 그 작용에 따라 둘로 나눠 볼 수 있는데, 이 둘은 물론 본체를 떠나 따로 존재하는 것이 아니다. 첫째는 '순수한 지혜'이고, 둘째는 '신비한 능력'이다.

'순수한 지혜'는 하나님의 훈습을 받아 수행을 착실히 닦고 방편을 다하여 아라야식에서 생멸하며 계속 이어지는 의식작용을 없애어 '하나님 당신'의 마음을 그대로 나타내기 때문이다.

이를 좀더 자세히 알아보자.

일체의 의식작용은 다 '무명'에서 빚어진 것이다. '무명'에 의한 의식은 '깨침'으로부터 떨어져 따로 있는 것이 아니어서 파괴할 수 있는 것도 아니고 파괴할 수 없는 것도 아니다.

비유하면, 바람이 불어 바다에 파도가 일 때, 물과 바람은 서로 떨어져 있지 않다. 그런데 물 스스로 움직이는 것이 아니므로 바람이 그치면 파도도 그친다. 하지만 물의 고유한 성질은 없어지지 않는다.

이와 같이 중생의 맑고 깨끗한 본마음에 '무명사탄'의 바람이 불어 파도가 인다. 마음과 무명은 둘 다 형상이 없고, 서로 떨어져 있지 않다. 무명이 없어지면 이어 오던 의식활동도 사라지지만 원래의 '순수한 지혜'는 그대로 있다.

깨침의 '신비한 능력'은 '순수한 지혜'에서 뛰어나고 묘한 온갖 경지가 나옴을 말한다. 한없는 공덕이 중생의 수준에 맞게 끊임없이 베풀어져 은혜받게 한다.

21. '깨침의 본체'를 허공이나 맑은 거울에 비유하여 크게 네 가지 양상으로 말할 수 있다.

첫째는, '사실 그대로의 빈 거울'이다. 마음으로 인식하는 일체의 현상에서 떠나 있으므로 나타날 것이 없고, 비춰 안다는 뜻이 아니기 때문이다.

둘째는, '깨침의 원인이 되는 거울'이다. 이는 하나님의 충만하심을 나타낸다: 모든 현상이 다 그 가운데 나타나며, 하나도 들거나 나가지 않으며, 없어지거나 부서지지 않으며 늘 한 마음에 머물러 있다. 모든 현상이 진실된 본성 그대로이며 관념으로 물들지 않는 것은 흔들림 없는 '지혜의 본체'가 두루 갖춘 덕성으로 중생을 감싸 길러 주고 있기 때문이다.

셋째는, '티없이 맑은 거울'이다. 하나님의 충만하신 진리는 번뇌와 지식의 장애가 없고 헛된 생각을 벗어나서 순수하고 맑고 밝은 때문이다.

넷째는, '깨침의 계기를 주는 거울'이다. 티없이 맑은 지혜가 중생의 마음을 두루 비추어 착한 공덕을 닦게 하며 그들의 생각을 따라 나투는 때문이다.

22. '못 깨침'은 하나님이 유일한 실재임을 확실하게 알지 못하는 것을 말한다. 깨치지 못한 마음이 일어남에 생각이 있게 되는데, 생각은 독자적 실체가 없으며 '깨침의 본체'를 떠나 있지 않다. 길 잃은 사람은 갈 방향이 있기 때문에 길을 잃는 것이고, 가야 할 방향이 없다면 헤맬 것이 없듯이 중생도 '깨침'이란 방향을 정해 놓고 있기 때문에 헤매임이 있는 것이지 '깨침'이란 것이 없다면 '못 깨침'도 없는 것이다.

'못 깨침'에서 헛된 생각이 있는 까닭에 '참 깨침'이란 말을 지어 설명한다. 만약 '못 깨침'의 마음에서 벗어난다면 '참 깨침'이라고 설할 것이 따로 없다.

23. '못 깨침'에서 세 가지 상(相)이 나오는데, 이것들이 '못 깨침'과 별개로 있는 것은 아니다.

첫째는, '무명업상'이다. '못 깨침' 때문에 마음에 동요가 일어남을 업이라 한다. 깨치면 마음에 동요가 없지만, 동요가 있는 곳에 '괴로움'이 생기는 것은 무명이라는 원인과 괴로움이란 결과가 떨어질 수 없기 때문이다.

둘째는, '인식주체의 상'이니 마음에 움직임이 있기 전에는 주체가 없는데 마음의 움직임을 따라 인식주체가 생긴다.

셋째는, '인식대상의 상'인바 인식주체가 서면서 비로소 대상이 나타나고, 인식주체가 없으면 대상도 없다.

24. '인식의 대상'으로 말미암아 여섯 가지 심리적 상(相)이 생겨난다. 첫째는, '앎의 상'이니, 대상을 분별하는 앎이 생겨 좋아하고 싫어하는 차별심이 난다.

둘째는, '연속의 상'인바, 분별하는 앎에서 괴로움과 즐거움의 느낌이 나오고 그에 따라 생각이 일어나 끊임없이 이어간다.

셋째는, '집착의 상'이니, 연속해 온 생각으로 대상에 대한 괴롭고 즐거운 기억에 얽매어 집착한다.

넷째는, '언어의 상'인바, 그릇된 집착으로 언어와 개념을 써서 대상을 분별하고 그것이 실체인 줄 안다.

다섯째는, '행위의 상'으로 언어와 개념에 사로잡히어 그것을 추구하고 매달리어 온갖 행위의 업을 짓는다.

여섯째는, '고생의 상'이니, 업의 결과로 괴로움을 받고 얽매이어 자유롭지 못하게 된다.

일체의 생각과 현상은 무명사탄에 의한 것이며, 이들은 모두 '못 깨침'의 상(相)임을 마땅히 알아야 한다.

25. '깨침'과 '못 깨침'은 서로 같음과 다름의 두 측면이 있다. 같은 면을 비유로 말하면 여러 가지 질그릇이 다 같은 흙으로 된 것처럼 깨침과 무명사탄에 의한 온갖 환상도 모두 하나님의 성품에서 비롯됐다. 그러므로 경에 "일체중생은 원래부터 늘상 열반에 들어 있다. 부처님께서 깨치신 '하나님의 진리'는 닦아서 이루는 것도 아니고, 지어낼 수 있는 것도 아니며, 얻을 수 있는 것도 아니다. 하나님의 진리는 볼 수 있는 것이 아니며, 볼 수 있는 것은 오직 못 깨친 마음이 만들어 내는 환상에 불과하다. 이들 환상은 깨침의 지혜에서 나온 것이 아니니, 깨침의 지혜는 가시적인 것이 아닌 때문이다"고 했다.

서로 다른 면을 비유로 말하면 여러 가지 질그릇들이 제각각 다른 것과 같다. 마찬가지로 깨침과 무명사탄의 환상은 바깥으로 나타남에 있어서나 내적 상태에 있어 서로 다르다.

26. 인연 따라 현상계가 벌여지는 것은 중생의 마음 속에 심식(心識)과 사고(思考)의 식(識)이 발현하는 때문이다. 달리 말해 아라야식에 무명이 있어 작용한다는 뜻이다.

27. 무명의 작용으로 '못 깨침' 상태가 일어나 인식의 주체와 대상을 만들고, 대상을 가리어 집착하고 생각이 계속 이어지는 심리작용이 생겨서 이를 심식이라 한다. 이 심식은 그 작용에 따라 다섯 단계로 나뉜다.

첫째는, '업식(業識)'이니, 무명사탄의 힘으로 '못 깨침'의 마음을 일으키는 것을 가리킨다.

둘째는, '전식(轉識)'으로 못 깨친 마음의 움직임에서 인식의 주체가 생기는 것을 말한다.

셋째는, '현식(現識)'이니, 인식의 대상인 모든 현상을 나타나게 하는 것을 가리킨다. 비유컨대 맑은 거울에 물체의 모습이 비추어지는 것과 같다. 현식은 다섯 가지 감각의 대상에 이르면 곧 드러내며, 시간적 선후가 없다. 언제든지 조건만 갖추어지면 일어나므로 인식의 대상은 늘 앞에 있는 것이다.

넷째는, '지식(智識)'이니, 본성과 현상을 나누어 구별함을 가리킨다.

다섯째는, '상속식(相續識)'이니, 생각이 이어져 계속됨을 가리킨다. 과거 무한한 세월 동안의 선악의 업을 잃지 않게 하여, 현재와 미래에 받을 고락 등의 업보가 틀림이 없게 한다. 지나간 일을 홀연히 떠오르게 하며, 미래의 일을 부질없이 걱정케 한다.

28. 그러므로 우리가 보고, 느끼고, 생각할 수 있는 일체〔삼계(三界)〕가 거짓이며 오직 마음이 지은 바이다. 마음을 떠나서는 감각과 사고의 대상이 전혀 없는 것이다. 자세히 설명해 보자.
일체의 현상과 사고작용이 모두 마음을 따라 일어나며 미혹된 생각 때문에 생긴다. 일체의 분별은 곧 마음 자체의 분별이다. 그러나 마음이 마음을 본다는 것은 불가능하니, 마음은 인식의 대상이 아니기 때문이다.
현상계의 일체는 무명사탄에 어두어진 중생의 마음에만 있는 것임을 알라. 거울에 비친 그림자처럼 실체가 아니며, 오직 마음에서 나왔을 뿐이며 헛된 것이다. 마음에 움직임이 생기면서 온갖 현상이 생기며, 마음에 움직임이 없어짐에 갖가지 현상이 모두 사라진다.

29. 사고(思考)의 식(識)은 곧 이 상속식(相續識)으로 말미암아 보통사람은 집착이 심해지고, '나'와 '나의 것'을 헤아리며, 온갖 헛된 집착을 하고, 상황에 접하면 감각과 인지의 분별하는 사고작용을 하므로 이를 사고의 식이라 이름한다. 또는 '분리(分離)의 식(識)' 혹은 '분별 식(識)'이라고도 한다. 이 식으로 인하여 자신의 견해와 애착에 묶이어 번뇌를 더욱 증가시키는 때문이다.

30. 위에서 말한 식(識)이 무명사탄에 미혹되어 일어난 것임을 보통사람이나 지식인의 헤아림으로는 알 수 없다. 보살성인도 처음 바른 믿음을 낸 때부터 수행에 뜻을 두고 열심히 노력하여 하나님을 보았다 하더라도 겨우 일부만 알 뿐이며, 매우 높은 경지에 이르렀다 해도 완전히는 알 수 없다. 오직 깨친 자 즉 부처님만이 완전히 아는 것이다. 어째서 그런가?
마음은 본디 깨끗하고 맑은데 무명사탄의 유혹으로 물들어 더럽

혀진다. 그러나 비록 마음이 물들더라도 그 본성은 늘 같아 변하지 않는다. 이런 뜻에서 오직 부처님만이 알 수 있다고 한 것이다. 마음의 본성은 분별의 생각이 없는 고로 불변이라 하며, 하나님의 나라에 이르지 못하여 마음이 하나님과 응하지 않아 홀연히 사고활동이 시작하는 것을 무명이라 한다.

31. 물든 마음은 여섯 단계로 나뉜다.
첫째는, '집착으로 물든 마음'인데, 지식인이 번뇌에서 자유로워지고 '신상응지(信相應地: 보살 이하의 수행단계)'에 이르면 이로부터 벗어난다.
둘째는, '기억으로 물든 마음'인바, 신상응지의 수행자가 방편을 배우고 닦아 점점 버림으로써 '정심지(淨心地: 보살수행 첫 단계)'에 이르러야 벗어난다.
셋째는, '분별로 물든 마음'으로, '구계지(具戒地: 보살수행 제2~6단계)'를 넘어 '무상방편지(無相方便地: 보살수행 제7단계)'에 이르면 벗어난다.
넷째는, '인식대상으로 물든 마음'인데, '색자재지(色自在地: 보살수행 제8단계)'에 이르면 벗어난다.
다섯째는, '인식주체로 물든 마음'인바, '심자재지(心自在地: 보살수행 제9단계)'에 이르면 벗어난다.
여섯째는, '무명의 업으로 물든 마음'이니, 수행의 끝 단계인 '보살진지(菩薩盡地: 보살수행 끝 단계)'를 넘어 하나님과 하나가 된 경지[여래지(如來地)]에 이르러야 벗어날 수 있다.

32. 하나님의 세계에 이르지 못했다는 말은 여래지 이하에 해당한다. '신상응지'로부터 내면의 관찰과 상념의 끊음을 닦아 '정심지(淨心地)'에 들어 상당한 수준에 이를 수 있다. 그러나 여래지에 올라야만 상념에서 완전히 벗어날 수 있다.

'상응(相應)하여 물들었다' 는 것은 마음과 사고작용이 그 맑고 물든 점에 차이가 있어 인식주체의 지각과 대상이 서로 대응함을 말한다.

'상응하지 않는 물듦' 이란 마음이 못 깨친 상태에 있지만, 맑고 깨끗함의 분별이 없고 사고작용과 대상의 대응이 없음을 말한다.

'물든 마음' 은 '번뇌의 장애' 라 하는데, 이는 하나님을 보는 근본 지혜를 막기 때문이다. 마음이 물들면 인식의 주체와 대상을 만들고, 대상을 가리어 집착함으로써 평등한 본성을 잃기 때문이다.

'무명' 은 '지혜의 장애' 라 하는데, 그것은 현상경험계의 자연스런 사고와 행위의 지혜를 막기 때문이다. 일체의 현상이 늘 고요하여 일어남이 없건만 무명사탄의 유혹으로 깨침을 잃어 마음과 대상 사이에 어긋남이 생기어, 현상계의 모든 사태를 현명하게 처리하는 온갖 지혜를 가질 수 없기 때문이다.

33. 마음의 생멸하는 모습을 두 가지로 나누어 볼 수 있다.

첫째는, '거친 모습' 으로 인식 주체의 지각과 대상이 서로 대응하는 까닭이다.

둘째는, '가는 모습' 으로 사고작용에 대상이 응해 있지 않기 때문이다. 거친 중 더 거친 것은 보통사람의 수준이고, 거친 중 가는 것과 가는 중 거친 것은 보살성인의 수준이며, 가는 중 가장 가는 것은 부처님의 경지이다.

마음에 생멸이 있게 된 것은 무명사탄의 유혹에 오래 젖은 때문이며, 내적 원인과 외적 계기가 있다. 내적 원인은 '못 깨침' 이고, 외적 계기는 마음이 지어낸 현상세계이다.

원인이 없어지면 계기는 따라 사라진다. 원인이 없어지면 대상이 응해 있지 않는 심식(心識)의 활동이 없어지고, 계기가 없어지면 대상에 응해 일어나는 사고활동이 없어지게 된다.

34. 만약 사고활동이 없어진다면 어떻게 '마음이 계속된다'고 할 수 있으며, 마음이 계속된다면 어떻게 사고활동이 근본적으로 없어질 수 있는가?

사고활동이 없어진다는 것은 오직 마음의 움직이는 양상이 멈춘다는 뜻일 뿐 마음의 본체가 없어진다는 뜻은 아니다.

비유하면 물에 바람이 불어 파도 같은 움직임의 양상이 생기는 것과 같다. 만약 물이 없어지면 바람은 움직일 대상이 없으므로 그 모습을 나타낼 수 없다. 물이 없어지지 않으므로 바람의 작용은 계속 나타나게 된다. 오직 바람만 잠잘 경우에는 파도는 따라 없어지지만 물이 없어지는 것은 아니다.

무명도 이와 같아서 마음의 본체에 의지하여 움직이는 것이다. 만약 마음의 본체가 없어진다면 중생은 존재 근거가 없어져 단절되게 된다. 마음의 본체는 불멸이므로 마음이 계속성을 갖는다. 없어지는 것은 오직 어리석음인 고로 마음의 움직임은 가라앉아도 마음의 영령한 지혜는 그대로 있다.

③ 훈습론(熏習論)

35. 젖어들어 익히는 것을 훈습(熏習)이라 하는데, 끊임없이 마음이 현상으로 흐르게 하거나 또는 반대로 하나님을 향하도록 하는 것을 말하며, 마음의 기능에 따라 네 가지로 나눈다.

첫째는, 하나님의 참모습 그대로인 진여(眞如)이고, 둘째는, 모든 현상의 지각과 사고활동의 원인인 무명사탄이다. 셋째는, 사고활동의 기체(基體)인 업식(業識)이고, 넷째는, 오감과 지각의 대상인 현상계이다.

36. '훈습'은 비유컨대 사람의 옷이 원래 냄새가 없지만 오랫동안 냄새를 배게 하면 냄새가 나는 것과 같다. 하나님의 깨끗한 세계에는 물듦이 없건만 단지 무명에 오래 젖어 온고로 물든 모습이 나

타난다. 반면에 무명으로 물든 현상계에는 깨끗한 업이 있을 수 없지만 오랫동안 하나님의 은혜를 받아 선한 활용이 가능케 된다.

37. 마음을 끊임없이 현상으로 흐르게 하는 훈습은 어떻게 일어나는가? 하나님의 마음에 대하여 무명사탄이 있고, 무명이 원인이 되어 하나님 그대로의 마음을 어둠으로 훈습하여 망심(妄心)이 생기고, 망심이 다시 무명에 훈습한다.
하나님의 진리에 투철하지 못한 까닭에 '못 깨침으로 인한 사고활동'이 일어나서 현상들이 거짓 나타나고, 이 현상들이 감각과 사고의 계기가 되어 망심에 훈습한다. 그리하여 집착하게 되고 온갖 사고와 언행의 업을 지어 심신의 모든 괴로움을 당한다.
거짓 현상이 일으키는 훈습에 두 가지가 있다. 하나는 사고활동을 늘리는 것이고, 다른 하나는 집착심을 키우는 것이다.
망심이 일으키는 훈습에도 두 가지가 있다. 하나는 업식에서 오는 근본적 훈습으로서, 아라한과 벽지불 등 모든 보살성인까지도 받게 되는 현상계의 고락이고, 둘은 분별하는 사고를 키우는 것으로서, 보통사람들이 겪는 업에 얽힌 고락이다.
무명이 일으키는 훈습 또한 두 가지가 있다. 하나는 근본적 훈습으로 업식을 일으키는 것이고, 둘은 편견과 애착을 일으키는 훈습으로 분별하는 사고의 근원을 키운다.

38. 어떤 훈습으로 끊임없이 하나님의 진리로 향하게 되는가?
하나님의 말씀이 있어 무명을 훈습하기 때문이다. 이 훈습의 인연으로 망심은 생사의 괴로움을 싫어하고 하나님 열반을 찾게 된다. 망심의 이러한 싫어하고 좋아하는 인연으로 하나님을 가까이 하여 자기의 성품에 하나님이 계심을 믿고, 눈앞의 모든 현상은 마음의 지은 바로 실재가 아님을 알아 이들을 멀리 여의는 수행을 하게 된다.

눈앞의 현상들이 실재가 아님을 확연히 알게 됨에 갖가지 방편을 써서 하나님을 향하여 나아간다. 생각과 집착을 비우는 오랜 훈습의 힘으로 무명을 없애고, 무명이 사라짐에 마음의 움직임이 없게 되며 이에 따라 현상이 없어진다. 그러면 내적 원인과 외적 계기가 모두 없어지고 이에 마음의 상이 전혀 없게 된다. 이를 열반을 얻어 자연스런 업을 이룬다고 말한다.

망심훈습에 두 가지가 있다. 첫째는, 분별사고의 훈습으로 보통 사람과 지식인이 생사의 고통을 싫어하여 능력에 따라 최상의 도를 향해 점점 나가는 훈습이다. 둘째는, 심식의 훈습으로 보살 성인들이 용맹하게 발심하여 신속히 열반을 얻는 훈습이다.

하나님의 훈습에 두 가지가 있다. 첫째는, 하나님의 성령에 의한 훈습이고, 둘째는, 하나님의 활동에 의한 훈습이다. 하나님은 시작을 알 수 없는 긴 세월 동안 완전한 성품과 헤아릴 수 없는 능력을 갖추시어 하나님의 세계를 이루려는 훈습을 한다. 이 훈습의 힘의로 중생들이 생사의 괴로움을 싫어하고 하나님 열반을 추구하게 하며, 자기의 몸에 하나님의 진리가 함께 함을 믿어 수행에 발심토록 한다.

39. 그렇다면 모든 사람이 다같이 하나님의 훈습을 받을 것인데 어째서 믿는 사람과 안 믿는 사람이 있으며, 먼저 깨치고 나중에 깨치는 등의 무수한 차이가 있는가? 일시에 모두가 자신에 하나님이 계심을 알아서 부지런히 닦고 다같이 하나님의 나라에 들 수 있어야 하지 않는가?

하나님은 본래 하나이시지만 한도 끝도 없는 무명이 태초부터 있어서 각자의 본성에 두텁고 얇은 차이를 주기 때문이다. 갠지즈 강의 모래보다 더 많은 번뇌가 무명 때문에 일어나며, 자기중심의 견해와 애착에 물든 번뇌도 무명 때문에 생긴다. 이와 같이 일체의 번뇌는 무명 때문에 일어나며, 먼저와 나중 등 무한한 차별이 있는바, 이것은 오직 하나님과 하나이신 부처님만이 알 수 있다.

부처님의 깨침을 성취하는 데에는 내적 요인과 외적 계기가 함께 갖추어져야 한다. 비유하면 나무는 내적 요인으로 불타는 성질이 있지만, 사람이 불붙이지 않는데 나무가 저절로 타는 일이 없듯이, 중생도 비록 하나님의 훈습이라는 내적 요인을 갖고 있지만 만약 부처나 보살성인 또는 훌륭한 수행자를 만나지 못한다면 스스로 번뇌를 끊고 하나님 열반에 든다는 것은 있을 수 없다. 또 비록 계기가 있더라도 안으로 깨끗한 진리의 훈습이 없다면 생사의 괴로움을 싫어하고 하나님 열반을 즐겨 구하는 일은 불가능하다.

안팎의 인연이 두루 갖추어지면 자신의 훈습의 힘과 부처님과 보살성인의 자비로운 보호로 괴로움을 멀리하는 마음을 일으킬 수 있고 천국열반에 믿음이 나며 착한 자질을 닦고 기를 수 있게 된다. 이러한 자질이 완전히 성숙하면 부처님과 보살성인의 가르침을 기쁘게 받아들여 하나님 열반으로 나아갈 수 있게 된다.

40. 하나님의 활동에 의한 훈습이란 중생에게 외적 환경으로 나투는 훈습인데, 무수한 상황이 있지만 두 가지로 나누어 볼 수 있다.

첫째는, '개별적 특수 상황'으로 처음 뜻을 내어 도를 구하기 시작한 때부터 깨침을 얻을 때까지 부처님과 보살성인을 생각하거나 보는 등으로 만남을 통하여 훈습한다. 때로는 식구나 부모 친척으로 또는 하인이나 친구 심지어는 원수로 혹은 '네 가지 교육적 자세'〔사섭(四攝): 보시(布施), 물질이나 가르침을 베푸는 것; 애어(愛語): 친절한 말씨로 격려하는 것; 이행(利行): 올바른 행동으로 이끄는 것; 동사(同事): 같은 눈높이로 언행을 하는 것〕로 나타난다. 이러한 일체의 행위가 계기가 되어 중생의 착한 본성을 북돋우고 보고 듣는 일마다 배움을 얻도록 자비로운 훈습의 힘을 일으킨다.

이것을 신속하게 도를 얻도록 하는 것과 오랜 시간이 걸려서 깨치게 하는 것으로 나눌 수 있다. 또한 좋은 언행을 북돋는 것과 바른 도를 얻도록 하는 것으로 나눌 수 있다.

둘째는, '일반적 상황'으로 모든 부처님과 보살성인은 일체의 중생이 빠짐없이 구원되어 해탈하도록 소망한다. 늘 자연스럽게 훈습하기를 마지않으며, 중생과 하나되는 지혜의 힘이 있어 보고 듣는 대로 그들의 필요에 응해서 활동한다. 중생은 삼매에 들면 누구나 똑같이 부처님을 볼 수 있는 것이다.

41. 하나님의 본바탕과 활동에 의한 훈습을 그 수준에 따라 두 가지로 나눌 수 있다.

첫째는, 하나님과 하나되지 못한 상태로, 보통사람과 지식인 및 새내기 수행자가 심식과 분별식에 훈습을 받아 믿음의 힘으로 수행을 하지만 분별심이 남아 있어 하나님의 본성과 합치하지 못하고, 자유자재한 수행을 하지 못하여 하나님과 함께 역사하지 못하는 것이다.

둘째는, 하나님과 하나된 상태로, 진리를 깨친 보살성인은 분별심이 사라지고 여러 부처님과 지혜와 활동이 합치되어 오직 진리의 힘으로 자연스런 수행을 하며, 하나님의 훈습으로 무명을 완전히 소멸시키는 것이다.

42. 세속으로 흐르게 하는 훈습은 아득한 옛날부터 끊임없이 계속 이어 오지만 일단 깨치면 멈추게 된다. 그러나 하나님께로 향하게 하는 훈습은 끊어짐이 없이 영원히 계속된다. 왜냐하면 하나님은 항상 훈습하여 망심을 없애고 진리를 밝게 나투시며 구원활동을 일으켜 끊임이 없기 때문이다.

④ 삼대(三大)

43. 또한 하나님의 본성은 보통사람이나 다른 종교인이나 보살성인이나 부처님이나간에 똑같이 갖추고 있으며, 과거에 생긴 것도 미래에 없어질 것도 아니며 끝까지 여일하다.

본디 일체의 공덕을 스스로 완전히 갖추고 있으며, 큰 지혜의 빛이 있어 온 세상을 두루 비추고 있으니, 참되고 온전한 앎과 맑고 깨끗한 마음의 바탕이다. 한결같음〔常〕, 참 즐거움〔樂〕, 참 나〔我〕, 깨끗함〔淨〕이 있으며, 맑고 산뜻하며 변하지 않으며 자유자재하다.

이처럼 갠지즈 강의 모래보다 많은 공덕을 두루 갖추고 신비한 진리에서 벗어나거나 끊어지거나 달라짐 없이 충만하여 모자람이 전혀 없다. 그러므로 하나님의 품 또는 하나님의 몸〔如來法身〕이라 한다.

44. 문: 앞에서 하나님은 구분과 차별이 없어 일체의 양상을 여의었다고 하였는데, 어째서 하나님의 본성에 이와 같은 갖가지 공덕이 있다고 하는가?

답: 이와 같은 공덕이 있음은 사실이지만, 하나님만이 유일한 실재이고 분별의 양상은 없는 것이며 모두가 하나로 똑같은 것이다. 다시 말하면 일체의 분별이 원래 없는 것이기 때문에 분별의 양상을 여의었으며 따라서 둘이 아니다.

그렇다면 왜 분별의 설명을 하는가?

그것은 업식(業識)의 현상적 양상을 나타내기 위함이다. 일체의 현상은 본래 오직 마음일 뿐이며, 생각으로 파악될 것은 전혀 없다. 그런데 헛된 마음으로 인한 '못 깨침' 때문에 생각이 일어나 여러 가지 현상을 보게 한다. 이를 가리켜 무명이라 한다.

마음의 본성은 생각을 일으키지 않으므로 큰 지혜의 광명이라고 한다. 만약 마음이 어떤 대상을 지각한다면, 지각하지 않는 대상이 있게 된다. 마음의 본성은 지각활동을 떠나 있으므로 온 세상을 두루 비춘다고 한다.
만약 마음이 움직이면 참된 앎을 가로막고 근본 성품에서 벗어난다. 한결같음, 참 즐거움, 참 나, 깨끗함에서 벗어나고, 뜨거운 번뇌와 심신의 쇠퇴로 자유를 잃으며, 갠지즈 강의 모래보다 더 많은 생각으로 물들게 된다. 이런 뜻에서 마음에 움직임이 없다면 갠지즈 강의 모래보다 더 많은 훌륭한 공덕이 있다고 한다.
만약 마음이 움직여 눈앞의 현상을 보고 생각을 한다면 반드시 모자람이 있게 마련이다. 깨끗한 진리의 무량한 공덕은 곧 하나님의 마음이니 따로 더 생각할 것이 없으므로 완전 충만이라 한다. 진리의 몸〔法身〕 또는 하나님의 품이라고 이름지어 부른다.

45. 하나님의 역사하심은 아래와 같다. 깨치신 부처님은 하나님의 아들로서 이 세상에 머물며 큰사랑과 동정심을 내어 여러 바라밀을 행하고 중생을 아우르고 가르치며, 큰 서원을 세워 일체 중생을 다 건지고자 힘을 다하며 영원한 미래까지 그침이 없다.
일체의 중생을 자기의 몸처럼 여기지만 중생이 되는 것은 아니다. 다시 말해 일체 중생이나 자신이나 하나님 앞에 차이가 없음을 확실히 알고 있으나, 큰 방편의 지혜가 있어서 무명을 없애고 하나님 아버지와 하나되어 신비하고 위대한 온갖 능력을 자연스럽게 나툰다.
하나님과 더불어 온 누리에 두루 있으나 그 역사하시는 모습을 볼 수는 없다. 왜냐면 깨치신 분 즉 하나님의 아들은 곧 하나님 아버지이시며 지혜의 화신으로 절대적 진리이고 세속의 상대적인 경지를 벗어나 있기 때문이다. 의도적인 선행을 베풀지 않아도 중생은 각각 자신의 보고 듣는 수준에 따라 은혜를 받는다. 이것이 곧 하나님의 역사하시는 길이다.

46. 하나님의 역사 하심은 두 모습으로 나타난다.
첫째는, '하나님의 아들〔응신〔應身〕〕'로 몸을 나투시는 것인데, 보통 사람과 지식인의 분별하는 '사고와 지각〔분별사식(分別事識)〕'으로 파악된다. 이들은 일체 현상이 마음에 의하여 나타난 줄을 모르기 때문에 하나님의 본질을 파악하지 못하여 하나님도 구체적 형상으로 보려 한다.
둘째는, 갓 출발한 수행자로부터 완성단계의 보살성인이 업식(業識)으로 파악할 수 있는 것으로, 하나님의 성령이 나투시는 몸〔보신(報身)〕이다. 이 몸은 무한한 형태로 나투어지고, 형태마다 한없는 상(相)이 나오며, 상마다 무한한 좋은 징표가 나타난다. 이 몸이 나투는 하늘나라 또한 온갖 찬란한 보물로 장식되어 있고, 보는 이에 따라 달리 나타나고, 가이없고 무궁무진하여 한계를 그을 수 없다. 필요한 것은 즉시 나타나고, 닳거나 잃어버리는 일이 없으며 항상 머물러 있다. 이러한 공덕은 모두 여러 바라밀의 수행과 불가사의한 훈습을 통하여 성취된다. 하나님은 이러한 무한한 복락을 지닌 까닭에 성령을 통해 나투시는 몸 즉 보신(報身)이라 한다.

47. 또한 보통사람이 보는 것은 낮은 수준의 물질적 형상이므로 하늘나라의 즐거움을 받지 못하고, 육도(六道) 중 자기의 위치에 따라 각각 보는 바가 달라 온갖 모습이 있으며, 따라서 하나님의 아들로 나투어야만 볼 수 있다.
수행자는 하나님의 진리를 깊이 믿는 때문에 부분적으로나마 하나님을 볼 수 있다. 성령을 통해 나투신 저 찬란한 형체나 보물 등은 외부에서 오가는 것이 아니며, 나누어지는 것이 아니며, 오직 마음에 의하여 나타나고, 하나님을 떠나 따로 있는 것이 아님을 안다. 그러나 아직 자신의 분별은 남아 있어 하나님과 한몸이 되지 못하였다.

수행자가 마음을 완전히 깨끗하게 하면 하나님의 오묘한 경지를 볼 수 있고 한층 더 뛰어난 능력을 발휘하며, 보살성인의 최고 경지에 이르면 하나님의 참 모습과 마주하게 된다. 업식(業識)까지 비워 인식이 사라졌으므로 모든 깨친 분들의 세계에서는 서로의 형상을 본다든가 하는 일은 있지 않다.

48. 하나님 아버지는 물질적 현상을 초월하였다고 하였는데, 어떻게 물질적 현상을 나타낼 수 있는가?

하나님 아버지는 물질적 현상의 근본 바탕이므로 형체로 나툴 수 있다. 본디 물질과 마음은 둘이 아니다. 물질의 본성은 지혜인고로 물질의 본바탕은 형체가 없으며 이를 '지혜 자체〔智身〕'라 한다.

이 지혜의 본성이 곧 물질적 현상으로 나투어진고로 하나님 아버지는 모든 곳에 두루 있다고 말한다. 우리의 지각에 나타나는 현상은 한계가 없으며, 마음에 따라 시방세계 온 누리에 드러난다. 무한히 많은 보살성인과 성령을 통해 나투시는 모습과 찬란한 장엄이 각기 달리 보여도 실은 나뉠 수 없는 하나이며, 상호간에 어긋남이 없다. 이는 분별하여 생각하는 머리로는 알 수 없는 것으로 하나님만의 전능한 역사하심이기 때문이다.

49. 이제 마음의 현상적 측면으로부터 마음의 본성에 이르는 길을 보이겠다.

현상을 이루고 있는 다섯 요소〔색(色)-물질, 수(受)-감각, 상(想)-지각, 사고, 행(行)-의지, 식(識)-의식, 정신〕를 깊이 따져보면 물질현상과 마음으로 요약된다. 감각과 사고의 대상인 물질은 결국 아무런 의식이 없는 존재다. 한편 마음은 아무 형체가 없기 때문에 아무리 찾아 헤매어도 끝내 찾지 못한다. 마치 길 잃은 사람이 동쪽을 서쪽이라 해도 실제 방향이 바뀌지 않듯이,

중생도 무명에 가리여 생각이 곧 마음이라고 착각하지만 마음은 움직임 없이 그대로이다. 마음엔 원래 생각이 없음을 알아본다면, 이것이 곧 순서를 따라 마음의 본래 자리인 하나님의 나라에 들어서는 것이다.

(2) 오해의 바로잡음

50. 잘못된 견해를 대치할 필요가 있다. 일체의 오해는 모두 '나'에 집착한 때문이며 '나'를 비우면 오해는 사라진다. 이 오해는 두 가지가 있는바, 첫째는 '인아견(人我見: 하나님, 영혼, 나 등의 주재자가 있다는 견해)'이고, 둘째는 '법아견(法我見: 각 사물마다 독립된 실체성이 있다는 견해)'이다.

51. '인아견'은 보통사람이 갖기 쉬운 오해로 다섯 가지가 있다.
첫째는, "하나님은 궁극적으로 적막하여 허공과 같다"는 경의 말을 듣고 이것이 집착심을 깨기 위한 것인 줄을 알지 못하고 허공이 곧 하나님의 본성이라고 생각한다. 이러한 오해를 어떻게 바로잡을 것인가?
허공이란 개념은 머리로 생각하는 분별에서 나온 것으로 실체가 아니며, 물체에 대비하여서만 있는 것이다. 이와 같은 가시적 현상이나 개념은 두뇌의 사고활동일 뿐이다. 그러나 일체의 현상과 개념은 원래 '마음'에서 온 것이며 밖에 따로 사물이 있는 것이 아니다. 물체가 없다면 허공이란 개념도 있을 수 없다. 일체의 현상은 오직 마음의 헛된 움직임에서 비롯되었으며, 마음의 헛된 움직임이 없어지면 일체의 현상은 따라 사라지고, 유일한 참 마음 즉 하나님만이 온 누리에 두루 있게 된다. 이것이 하나님의 크고 넓은 근본 지혜의 깊은 의미이며, 저 하늘 허공과 같은 모양이란 뜻이 아니다.

52. 둘째는, "세상의 모든 현상은 근본적으로 실체가 없으며, 천국열반이나 하나님의 진리까지도 사실은 텅 빈 것이고, 원래 자체가 비어서 일체의 모양이나 개념이 있을 수 없다"는 경의 말씀이 집착을 깨기 위한 것인 줄 모르고 하나님과 천국열반의 본성이 오직 비어 허무할 뿐이라고 오해하니 이를 어떻게 바로잡아야 하는가?
하나님은 텅 빈 것이 아니라 오히려 무한한 성품과 공덕을 두루 갖추고 있음을 알아야 한다.

53. 셋째로, "하나님의 품 속에는 일체의 공덕이 다 갖추어 있어 줄거나 느는 일이 없다"는 경의 설명을 잘못 이해하여, 하나님의 품안에 물질과 마음이 서로 구별되어 존재한다고 오해하니 어떻게 고쳐야 하는가?
일체의 공덕을 다 갖추었다는 것은 하나님의 품을 오직 본질의 측면에서 설명한 것인데, 이것을 마음과 물질의 서로 다른 양상을 나타내는 것으로 보는 것은 하나님을 현상적으로 이해하는 데서 생긴 착오이다.

54. 넷째로, "이 세상의 일체 현상은 모두 하나님의 품에서 나왔으며, 하나님을 떠나 따로 있는 것이 아니다"란 경의 말씀을 이해하지 못하여, 하나님의 품 자체에 일체의 세상 현상이 그대로 들어 있다고 오해한다. 이를 어떻게 바로잡아야 하는가?
하나님 품에는 원래 갠지즈 강의 모래보다 더 많은 훌륭한 공덕이 있으며 하나님으로부터 떠나거나 단절되거나 달라짐이 없다. 갠지즈 강의 모래보다 많은 번뇌와 고통은 오직 거짓 나타났을 뿐 본성이 없는 것이어서 시작을 알 수 없는 옛날부터 결코 하나님의 품에 있는 공덕과 상응한 적이 없다. 만약 하나님의 품 자체에 헛된 현상이 있다면 하나님을 터득한 사람이 헛 관념을 영원히 없애는 일은 있을 수 없게 된다.

55. 다섯째는, “하나님의 품에 의하여 생사가 있게 되고, 하나님의 품에 의하여 천국열반을 얻는다”는 경의 말씀을 이해하지 못하여 중생에는 시작이 있고, 시작이 있으므로 보살성인이 하나님과 하나되어 천국열반을 얻을지라도 결국 끝남이 있어 다시 중생으로 태어난다고 오해한다. 어떻게 이를 바로잡을까?
하나님의 품은 시초가 없으며 무명사탄 또한 시작이 없다. 만약 삼계(三界: 욕계, 색계, 무색계; 느끼고, 보고, 생각할 수 있는 일체) 밖에서 이때까지 없던 중생이 새로 생긴다고 설한다면 이는 부처님의 가르침이 아니다. 하나님의 품엔 마지막도 없어서 부처님이 천국열반에 드는 것은 곧 하나님과 하나되는 것이며 따라서 열반에는 끝이 없다.

56. 법아견(法我見)은 지식인이 갖기 쉬운 오해이다. 하나님의 아들인 여래께서 인무아(人無我: 하나님, 영혼, 나 등을 인격적 주재자로 파악하는 것은 잘못이며, 현상적인 ‘나’라는 것도 오음의 일시적 모임에 불과하다)만을 말하고 더 깊은 이치를 설하지 않은 것은 그들의 수준이 낮기 때문이었다. 그들은 오음(五陰)의 생멸하는 이치를 듣고 생사를 두려워하여 오로지 열반에 집착하는 오해(생멸하는 오음과는 달리 영원한 열반이 따로 있는 것으로 오해)를 범한다. 이를 고치려면 어떻게 해야 하나?
오음은 그 자체의 본성이 생겨나는 것이 아니며 따라서 없어지는 것도 아니다. 그리고 오음과 열반은 본래 다른 것이 아니다.

57. 끝으로 잘못된 집착을 완전히 떠나기 위해서는 우리가 헛된 현상이라고 보는 것과 참된 본질이라 여기는 것이 모두 상대적으로 서로 의지하여 있는 것이며 그 자체 혼자만으로 있을 수 없음

을 알아야 한다. 일체의 모든 것이 본디 물질도 마음도 아니며, 앎〔智〕도 인식〔識〕도 아니며, 있다고도 없다고도 할 수 없다. 이것은 언어로는 아무리 해도 표현할 수 없는 것인데, 언어로 설명하는 까닭은 하나님의 아들께서 언어를 좋은 방편으로 써서 중생을 구원하여 제도케 하려 함이다. 그 근본 취지는 머리로 헤아림을 버리고 하나님께로 돌아가게 함이니, 무엇이든지 머리로 알려 하면 마음이 현상에만 끌리어 참된 지혜에 도달할 수 없기 때문이다.

(3) 믿음과 수행의 단계

58. 믿음을 일으켜 도를 향하여 나가는 길을 단계별로 나누어 보이겠다. 이 길은 모든 부처님이 깨쳐 터득한 길이며 일체의 보살성인이 발심하여 수행해 나아가는 길이다.

발심에는 크게 세 단계가 있다. 첫째는 '믿음의 성취' 발심이고, 둘째는 '앎과 실행'의 발심이며, 셋째는 '깨쳐 얻음'의 발심이다.

59. '믿음의 성취' 발심에서는 어떤 사람이 무슨 수행을 하여 믿음을 성취하고 깨침을 향하여 마음을 일으킬 수 있는가?

이른바 '믿음이 확고하지 못한 무리' 중 훈습에 의하여 착한 품성과 능력을 이룬 자는 업과 그 과보를 믿어 열 가지 선업을 행하고, 생사의 괴로움을 싫어하여 최상의 진리를 얻고자 한다. 그리하여 여러 부처님을 만나 가까이 모시며 받들고 수행과 신심을 길러 일만 겁의 세월이 지나 믿음이 성취된다.

부처님과 보살성인들의 가르침으로 발심하기도 하며, 때로는 큰 사랑의 정신에서 스스로 발심할 수도 있고, 또는 부처님의 가르침이 사라지려 함에 그것을 지키려는 마음에서 발심할 수도 있다.

이처럼 믿음을 성취하여 발심한 사람은 '믿음이 확고한 무리'에 들게 되어 끝까지 물러섬이 없으므로 '하나님의 백성'이 되었다

하고, 깨침을 얻어 하나님을 만날 인연에 닿았다고 한다.

60. 만약 어떤 중생이 착한 품성이 부족하고 오랜 세월 동안 번뇌에 깊고 두텁게 싸여 있다면 비록 부처님을 만나 받들게 되었더라도 기껏해야 다시 인간계 또는 천상계에 태어나거나 지식인으로 되는 정도에 그친다.

대승의 큰 진리를 구하게 된 경우라도 믿음의 뿌리가 확고하지 못하여 나아갔다가 물러서는 일을 되풀이한다. 여러 부처님 받들어 모시기를 일만 겁을 채워 믿음이 성취되기도 전에 우연히 발심할 수가 있다. 부처님의 용모를 보고 발심을 한다든지, 여러 스님을 공양한 것이 계기가 되어 발심을 한다든지, 지식인의 가르침을 받거나 다른 사람에게 배워 발심하는 등이다. 이러한 발심들은 모두 확고하지 못하여 나쁜 인연을 만나면 곧 퇴보하여 지식인의 경지로 떨어지고 만다.

61. '믿음의 성취' 발심을 그 일으키는 마음에 따라 셋으로 나눠 볼 수 있다.

첫째는, '곧바른 마음〔直心〕'으로 하나님의 진리를 바르게 생각하는 마음이다.

둘째는, '깊은 마음〔深心〕'으로 일체의 선행을 즐겨 쌓는 마음이다.

셋째는, '큰사랑의 마음〔大悲心〕'으로 모든 중생의 괴로움을 구제하려는 마음이다.

62. 문: 앞에서는 "일체 현상은 하나가 나투어진 것이며, 깨침의 본체가 둘이 아니다"고 하였는데, 어째서 오직 하나님만을 명상하라고 하지 아니하고 여러 가지 선행을 배우고 행하라 하는가?

답: 비유하면, '마니(摩尼)'라는 큰 보석이 그 자체 본성은 맑고

깨끗하지만 흙먼지로 때가 끼인 것과 같다. 만약 그 보석의 본성을 생각만 하고 여러 방법으로 갈고 닦지 않는다면 그 맑은 본성을 볼 수 없다. 중생도 원래는 하나님의 본성처럼 텅 비어 깨끗한 것인데, 한없는 번뇌로 물들고 때가 끼어 있다. 그러므로 하나님만을 명상한다 할지라도 여러 가지 방편으로 수행하지 않으면 원래의 깨끗한 본성을 얻을 수 없다. 이 때가 온 누리의 모든 일에 두루 퍼져 있는 까닭에 선행도 역시 모든 일에 두루 닦아야 한다. 이렇게 모든 선행을 닦으면 자연히 하나님의 세계로 돌아서게 된다.

63. 여기서 말하는 방편은 크게 네 가지로 나누어 설명할 수 있다. 첫째는, '근본 진리를 알고 행하는 방편〔行根本方便〕' 이다. 일체의 현상은 독자적 실체가 없음을 보아 헛된 견해를 버리고 나고 죽는 현상계에 매달리지 않아야 한다. 또한 일체 현상이 원인과 계기의 결합으로 나타나며, 언행의 업에는 반드시 결과가 따름을 보아 큰사랑을 내어 갖은 복덕을 닦으며 중생을 감싸고 교화해야 한다. 자신의 천국열반에만 안주하지 않는 것은 하나님의 머무르지 않는 성질을 따르는 것이다.

둘째는, '죄를 그치는 방편〔能止方便〕' 이다. 이것은 죄과를 부끄러워하고 뉘우치며 모든 잘못된 언행을 그치어 더 이상 죄를 짓지 않는 것이다. 하나님의 완전히 깨끗하심을 따르는 수행이다.

셋째는, '선한 성품을 북돋는 방편〔發起善根增長方便〕' 이다. 이것은 삼보(三寶: 부처님과 진리와 스님〔佛法僧〕)를 받들고 예배하며, 여러 깨치신 분들을 찬탄하고 기꺼이 따르며 가르침을 갈구하는 것이다. 삼보를 존경하고 사랑하는 마음이 두텁고 순수하면 믿음이 깊어져 최상의 진리를 구하는 큰 뜻이 서진다. 또 삼보의 위력에 의한 보호를 받아 업장이 소멸되고 선한 품성을 확고히 다지게 된다. 이는 하나님의 어리석음의 장애가 없으신

〔離癡障〕 성질을 본받는 것이다.

넷째는, '모두가 하나되도록 하는 큰 원을 세우는 방편〔大願平等方便〕'이다. 이것은 영원토록 모든 중생을 남김없이 구원하여 최상의 천국열반을 얻도록 하려는 원을 세우는 것이다. 이는 하나님의 나뉘고 끊어짐이 없으심을 본받는 것이다. 하나님은 광대하여 일체 중생에 두루 미치며, 너와 나로의 나뉨이 없는 하나로서 절대적 평화의 세계이다.

64. 보살성인은 이러한 발심을 통하여 그 수준에 따라 하나님을 볼 수 있게 된다. 하나님의 진리를 볼 수 있으므로 자신의 원력에 따라 여덟 단계로 몸을 나투어 중생을 이롭게 한다. ① 도솔천 하늘에서 내려옴, ② 모태에 들어감, ③ 모태에 머묾, ④ 태어남, ⑤ 수행에 나섬, ⑥ 도를 이룸, ⑦ 가르침을 폄, ⑧ 열반에 듦.

그러나 이 보살성인은 아직 하나님의 아들이라 할 수는 없다. 과거 무한한 세월을 통하여 쌓은 온갖 업을 완전히 끊어 버리지 못하고 태어남에 따르는 미세한 괴로움이 남아 있기 때문이다. 그렇지만 큰 원력으로 자유롭게 행동할 힘이 있기 때문에 업에 얽매이지 않는다.

경에 때로 "퇴보하여 나쁜 세계로 떨어진다"는 말이 있는 것은, 실제로 그렇게 된다는 뜻이 아니고, 초기 단계에 있는 수행자가 보살성인의 위에 들기 전에 방심하여 게을러지지 않도록 겁을 주고 더욱 용맹 정진토록 하려는 것이다. 수행자가 일단 발심한 뒤에는 나약하게 겁을 먹거나 지식인으로 떨어질 것을 두려워할 필요가 없다. 하나님과 하나되는 열반을 얻기까지는 무한히 긴 세월 동안 부지런히 고행하고 어려움을 겪어야 한다는 말을 들을지라도 겁먹을 필요가 없다. 모든 현상이 원래 그 자체로서 열반임을 믿고 알기 때문이다.

65. '앎과 실행의 발심'은 앞의 '믿음의 성취 발심'보다 한층 높은 수행단계이다. 처음 올바른 믿음을 이룬 뒤 첫 아승기겁(阿僧祇劫: 긴 세월)을 채울 무렵에 하나님의 진리에 관한 깊은 이해가 앞에 드러나서 분별의 상(相)을 떠나 수행하게 된다.

① 하나님은 인색함과 탐욕이 없음을 알아 그에 따라 단바라밀(檀波羅蜜: 베풂)을 수행한다.

② 하나님은 물듦과 오욕(五慾)이 없음을 알아 그에 따라 시바라밀(尸波羅蜜: 계율 지킴)을 수행한다.

③ 하나님은 괴로움과 성냄이 없음을 알아 그에 따라 찬제바라밀(羼提波羅蜜: 참음)을 수행한다.

④ 하나님은 몸과 맘의 상(相)과 게으름이 없음을 알아 그에 따라 비리야바라밀(毘梨耶波羅蜜: 정진)을 수행한다.

⑤ 하나님은 늘 안정하고 산란함이 없음을 알아 그에 따라 선바라밀(禪波羅蜜: 선정)을 수행한다.

⑥ 하나님은 본성이 밝고 무명이 없음을 알아 반야바라밀(般若波羅蜜: 지혜)을 수행한다.

66. '깨쳐 얻음의 발심'은 정심지(淨心地)에서 보살구경지(菩薩究竟地)까지의 단계에 해당한다. 깨쳐 얻고자 하는 것은 곧 하나님의 진리이다. 현상으로 나타나는 대상들은 인식의 과정에서 만들어지는 것인데, 깨쳐 얻음은 이러한 대상을 얻음이 아니고 오직 하나님의 지혜 즉 하나님 당신과 하나 되는 것이다.

67. 이 단계의 보살성인은 한 생각에 시방 모든 세계의 끝까지 이를 수가 있으며 여러 부처님을 받들고 진리의 가르침을 펴도록 청한다. 이는 오로지 중생을 인도하고 깨우쳐 구원하려는 것이다.
문자에만 의지하지 않고, 때로는 겁많고 약한 중생을 위하여 단계를 뛰어넘어 바른 깨침을 신속하게 이룰 수 있음을 보여 주는

가 하면, 또는 풀어지고 교만한 중생을 위하여 "나는 무한한 아승기겁의 세월을 통하여 성불할 수 있었다"고 설법하기도 한다. 이처럼 무수히 많은 방편과 신비로운 이적을 보여 주지만, 사실상 이 단계의 보살성인들은 모두 근본 품성이나 발심이나 깨쳐 얻은 바가 똑같으니 모든 보살성인들은 세 번의 아승기겁을 거쳐 수행했기 때문이다. 다만 중생에 따라 세계가 다르고, 보는 것 듣는 것이 다르고, 자질과 바람과 천성이 다르기 때문에 수행할 바를 달리 보여 주는 것이다.

68. 이 보살성인의 발심은 세 가지 미세한 마음으로 나눠 볼 수 있다.
첫째는, '참 마음〔眞心〕'으로 분별이 없음을 가리킨다.
둘째는, '방편심'으로 자연스런 언행이 두루 중생에 이익 됨을 가리킨다.
셋째는, '업식심(業識心)'으로 미세한 마음의 움직임이 일어났다 사라졌다 함을 가리킨다.

69. 이 보살성인의 공덕이 완전히 이루어지면 이 현상계의 가장 높은 자리에서 온 세계 최고의 신분을 보여 준다. 완전히 집중된 한 생각에서 나온 지혜로 무명을 일시에 깨뜨리니, 이를 일체를 꿰뚫는 지혜라 한다. 그는 꾸미지 않아도 불가사의한 업을 시방세계에 나타내어 중생을 돕는다.

70. 문: 허공에 끝이 없어 세계에 끝이 없고, 따라서 중생도 한없이 많다. 중생이 무한하니 그 마음과 행동의 다양성도 역시 무한하다. 이처럼 현상세계는 복잡다양하여 이해하기가 참으로 어렵다. 만약 무명을 끊는다면 마음의 사고능력도 없어질 터인데 어떻게 일체를 꿰뚫는 지혜를 얻어 세계를 이해할 수 있는가?

답: 일체의 현상은 실은 '한 마음' 인데, 사고는 분별에 바탕함으로 이 '한 마음' 을 벗어나 있는 것이다. 다만 중생이 부질없이 현상을 나누어 보는 까닭에 그 마음에 분별이 생기는 것이다. 머리로 헤아리는 생각으로는 진리의 본질을 잡을 수 없으며 따라서 알 수도 없다.

하나님의 아들이신 부처님은 나누어서 보고 헤아리는 것이 아니므로 모든 곳에 두루 미치고 참 마음 그 자체이며 모든 현상의 본성에 닿는다. 일체의 현상을 밝게 비추며, 무량한 방편을 사용하는 큰 지혜와 능력을 갖추어 중생의 이해 수준에 따라 온갖 진리를 열어 보일 수 있기 때문에 '일체를 꿰뚫는 지혜' 를 갖추었다고 한다.

71. 문: 부처님은 의도하지 않아도 자연스럽게 훌륭한 언행이 온 누리에 드러나 중생을 구원한다는데, 그렇다면 일체의 중생이 부처님의 몸을 보거나, 신비한 이적을 보거나, 설법을 들으면 바로 터득하는 바가 있어야 할 터인데 어째서 세상의 많은 사람들이 그렇지 못하는가?

답: 하나님의 아들이신 부처님의 진리는 구별이 없어 온 누리에 두루하며, 꾸미는 의도가 없기 때문에 자연스럽다고 한다. 단지 중생의 마음으로 파악하는 데에 문제가 있을 뿐이다. 중생의 마음은 거울과 같아서 거울에 때가 끼면 물체의 형상이 나타날 수 없듯이 중생의 마음에 때가 끼어 하나님의 진리가 나타나지 않는 것이다.

4) 수행신심분(修行信心分): 수행과 믿음

72. 이상으로 이론에 대한 설명을 마치고, 수행과 믿음에 대하여 설명하겠다. 이는 '믿음이 확고한 수준' 에 이르지 못한 중생을 위

하여 수행과 신앙으로 인도하기 위한 설명이다.

73. 믿음에는 어떤 것이 있으며, 수행은 어떻게 하는가?
믿음에는 크게 네 가지가 있으니, 첫째는, '하나님이 세상의 근본임을 믿음〔信根本〕' 인바, 늘 하나님의 진리를 명상하기를 즐기는 것이다.
둘째는, '부처님에 무한한 공덕이 있음을 믿음〔信佛〕' 인바, 늘 부처님을 가까이 모시고 받들며, 자신의 착한 성품을 기르고 일체를 꿰뚫는 지혜 얻기를 염원하는 것이다.
셋째는, '부처님께서 가르치는 하나님의 진리에 최상의 은혜가 있음을 믿음〔信法〕' 인바, 늘 여러 바라밀을 생각하고 닦는 것이다.
넷째는, '스님들이 올바른 수행으로 자기 자신과 중생의 구원을 돕는다는 믿음〔信僧〕' 인바, 늘 보살성인들을 가까이 하여 그들의 참된 수행을 본받으려 하는 것이다.

74. 이 믿음을 이루는 데 다섯 가지 수행의 문이 있으니, 첫째 베풂〔施門〕, 둘째 지킴〔戒門〕, 셋째 참음〔忍門〕, 넷째 힘써 나아감〔進門〕, 다섯째 멈춤과 꿰뚫어 봄〔止觀門〕이다.

75. 베풂의 수행은 어떻게 하는가?
누구든지 도움을 구하면 힘닿는 대로 재물을 베풀어 자신의 인색하고 탐하는 마음을 버리고 남을 기쁘게 해야 한다. 어려움과 두려움과 위험에 놓인 사람을 보면 자기의 능력껏 그 일을 맡아 두려움을 없애 줘야 한다. 진리를 구하는 사람에게 자기가 아는 능력껏 방편을 써서 설명해 주어야 한다. 이것은 명예나 이익이나 공경을 받으려는 것이 아니라 오직 자리이타의 정신으로 하는 것이며, 하나님의 진리를 향하여 마음을 돌리기 위해 하는 수행이다.

76. 계를 지키는 수행은 어떻게 하는가?

죽이지 말며, 훔치지 말며, 간음하지 말며, 한 입으로 두말 하지 말며, 헐뜯는 말을 말며, 헛된 말을 말며, 거짓 꾸미는 말을 말며, 탐욕 · 시샘 · 속임 · 알랑거림 · 화냄 · 나쁜 생각을 버려야 한다.

출가수행자는 번뇌를 꺾어 이기기 위하여 소란한 곳을 멀리하고 늘 고요한 곳에 머물러야 한다. 욕심을 줄이고 분수에 만족할 줄 알며 금욕의 삶을 실천해야 한다. 작은 죄라도 두려워하고 부끄러워해야 하며 뉘우치고 고쳐야 한다. 하나님의 아들이신 부처님께서 만든 계율을 가볍게 여겨서는 안 된다. 남이 싫어하거나 비난할 일을 해서는 안 되며, 중생들이 죄를 범하지 않도록 해야 한다.

77. 참는 수행은 어떻게 하는가?

남이 괴롭힐 때 참고 되갚을 생각을 말아야 한다. 또한 잘 되고 안 됨, 명예와 치욕, 칭찬과 비난, 괴로움과 즐거움 등을 참아 넘겨야 한다.

78. 힘써 나가는 수행은 어떻게 하는가?

여러 가지 착한 일을 하는 데 게으르거나 물러나지 말고 뜻을 굳세게 하며 겁먹고 약해지지 않도록 해야 한다. 과거 오랜 옛날부터 부질없이 몸과 맘에 온갖 괴로움을 받아 왔지만 아무런 득이 없었음을 생각하라. 그러므로 자신과 남을 다같이 이롭게 하는 여러 공덕을 닦아 모든 괴로움에서 벗어나도록 해야 한다.

비록 수행과 신심이 있어도 옛 전생부터의 무거운 죄와 나쁜 업으로 막히어 악마와 귀신이 어지럽게 하거나 세속의 온갖 번거로운 일에 얽매이거나 또는 병고에 시달리게 된다. 이러한 여러 장애가 있기 때문에 더욱 용맹하게 부지런히 닦아야 한다. 밤낮으로 하루에 여섯 번씩 여러 부처님께 예배하고, 마음 깊이 뉘우치며, 가르침을 청하고 기쁘게 따르며, 하나님의 진리를 향하여 마음을 돌리도록 해야 한다. 이와 같이 쉬지 않고 수행하면 모든 마장이 사라지고 선한 성품이 더욱 자라는 것이다.

79. '멈춤과 꿰뚫어 봄'의 수행은 어떻게 하는가?
멈춤이란 일체 현상의 분별을 그치는 것인바 '사마타〔止〕' 선을 닦는 것이다. 꿰뚫어 봄이란 인연 따라 일어나고 사라지는 현상을 올바로 알아보는 것인바 '비발사나〔觀〕' 선을 닦는 것이다. 이 두 가지 수행은 점진적으로 함께 닦아 서로 분리되지 않도록 하여야 둘 다 완벽하게 된다.

80. '멈춤'의 수행자는 고요한 곳에 단정히 앉아 마음을 가다듬어야 한다. 숨이나 물체의 모습이나 텅 빔이나 흙물불바람이나 보고 들어 아는 것 등 어느 것에도 의지해서는 안 된다. 일체의 생각은 떠오르는 데로 모두 없애야 하며, 없앤다는 생각까지도 없애야 한다. 일체 현상은 본래 상(相)이 없어 생각에 생각을 거듭해도 생겨나거나 없어지는 것이 아니다. 또한 마음을 따라 바깥 대상을 생각하고 그 마음을 지우려고 마음먹어서는 마음의 멈춤을 얻을 수 없다. 만약 마음이 풀어지거나 흩어지면 곧바로 가다듬어 올바른 생각으로 돌아와야 한다. 여기서 올바른 생각이란 어떤 대상을 생각함이 아니고 오직 고요한 마음을 말하는 것이다. 이 고요한 마음은 아무런 상(相)이 없으므로 아무리 생각을 해도 얻을 수 있는 것이 아니다.

81. 자리에서 일어나 오가거나 서 있거나 걸을 때나 일할 때에도 언제나 이들을 방편으로 삼아 '멈춤'의 원리를 따르고 본질을 꿰뚫어 보도록 해야 한다. 이렇게 오래 쌓아 익히면 마음이 '멈춤'을

얻게 된다. 마음이 '멈춤'을 얻으면 점점 더 세차고 예민해져 하나님과 하나 되는 '삼매'의 경지에 들게 된다. 번뇌를 완전히 잠재우고 믿음이 크게 자라 물러섬이 없는 경지로 속히 나아간다. 단 의혹과 불신에 차서 비방을 일삼거나 무거운 죄와 나쁜 업으로 막혔거나 또는 스스로 교만하거나 게으름을 피우면 결코 하나님과 하나 되는 삼매에 들 수 없다.

82. 삼매에 들면 온누리가 하나임을 알게 된다. 즉 모든 부처님과 중생의 근본이 둘이 아닌 하나임을 말한다. 이를 일러 '한 길 삼매[一行三昧]'라 하는데, 이 삼매의 근본이 하나님에 있음을 아는 것이 중요하다. 이를 수행하면 점점 한량없는 삼매로 들어갈 수 있다.

83. 좋은 성품이 모자라는 중생은 삼매에 들 때에 여러 마귀와 이단과 귀신의 유혹과 방해를 받는 수가 있다. 좌선 중에 무서운 모습으로 또는 고운 차림의 남녀의 모습으로 나타나기도 한다. 이들이 오직 마음에서 나왔을 뿐임을 각성하면 이런 현상은 사라지고 이들의 괴롭힘에서 벗어나게 된다.

이들은 때로는 천사나 보살의 모습으로 또는 거룩한 특징을 두루 갖춘 부처의 모습으로 나타나서 주문을 외우기도 하고, 또는 베풂, 지킴, 참음, 힘써 나아감, 참선, 지혜의 육바라밀을 말하기도 하고, 또는 참 열반에 들면 분별이 사라진 비움과, 특성도 소망도 원한도 친함도 인연도 과보도 없는 완전한 텅 빔을 얻는다고 설하기도 한다. 또는 숙명통을 얻어 전생과 미래의 일을 알게도 하며, 타심통으로 남의 마음을 알게도 하며, 막힘 없는 말문이 트이게도 하는데, 결국은 이런 재주를 이용하여 세속적 명예와 이익을 얻는 데 집착하게 만든다. 또는 자주 화냈다 기뻐했다 하여 변덕스럽고 일관성이 없게 한다. 또 지나치게 인정이 많든가, 잠이 많든가 몸이 아파 마음이 늘어지게 만들며, 또는 갑자기 열심히 수행하다가 쉽게 그만 두게도 한다. 그리하여 불신을 일으키고 의혹과 염려가 많아지게 한다. 혹은 기본이 되는 훌륭한 수행을 하지 않고 잡스런 일에 매달리게 하며, 세상일에 집착하여 갖가지로 얽매이게 한다. 또는 여러 가지 유사한 삼매를 얻도록 하지만 이들은 사이비일 뿐 참된 삼매가 아니다. 때로는 하루 이틀 사흘 내지 이레 동안 좌선의 입정 상태에 들어 향기롭고 맛있는 음식을 먹은 듯 몸과 맘이 쾌적하고 배고픔과 목마름도 없게 하여 이 상태에 집착하게 한다. 또는 식생활에 절도를 잃어 얼굴 색이 달라질 정도로 갑자기 많이 먹거나 적게 먹도록 한다. 그러므로 수행자는 늘 지혜롭게 살펴서 이 마음이 삿된 그물에 걸려들지 않도록 주의해야 한다. '바른 생각'을 지키도록 힘쓰며, 무엇인가를 얻거나 그것에 집착하는 일이 없도록 노력하면 이러한 악마의 장난을 물리칠 수 있다.

84. 사이비들의 삼매는 모두 세속적 명리와 공경을 얻는 데 사로잡혀 편견과 애착과 아만심에 빠져 있음을 알아야 한다. 하나님의 삼매는 무엇을 얻거나 어떤 견해를 갖는 것이 아니며, 삼매의 상태에서 나와서도 자만하거나 풀어지지 않아야 번뇌가 점점 줄어든다.

수행자가 이 삼매를 닦지 않고서 하나님 나라에 든다는 것은 있을 수 없는 일이다. 세속적인 선(禪)으로 삼매에 들면 신비한 이적에 맛들여 도리어 집착이 강해지고, 자신의 잘못된 견해에 걸리어 세속에 얽매임이 사이비들과 다름이 없게 된다. 그러므로 올바른 스승의 도움이 없이는 사이비들의 유혹에 빠지기 쉽다.

85. 오롯한 마음으로 부지런히 이 삼매를 닦으면 열 가지 이익을 얻게 된다.

① 늘 시방의 모든 부처와 보살성인의 보호를 받는다.

② 모든 악마와 악귀를 두려워할 필요가 없다.
③ 아흔 다섯 가지 사이비들의 귀신이 유혹하거나 괴롭히지 않는다.
④ 깊은 진리에 대한 비방을 멀리하며, 중죄업장이 점점 얇아진다.
⑤ 깨침에 대한 모든 의심과 잘못된 생각이 사라진다.
⑥ 하나님의 아들과 그의 경지에 대한 믿음이 더욱 커진다.
⑦ 근심과 후회가 사라지고, 생사의 위기에도 용맹하여 겁이 없다.
⑧ 마음이 부드럽고, 교만하지 않으므로 남이 괴롭히지 않는다.
⑨ 아직 삼매를 얻지 못했을지라도 언제 어디서나 세속적 즐거움을 즐기지 않게 되어 번뇌가 줄어든다.
⑩ 삼매를 얻으면 일체의 바깥 소리나 말에 놀라거나 흔들리지 않게 된다.

86. 만약 '멈춤'의 수행만 닦으면 마음이 가라앉아 움직이려들지 않게 되어 여러 선행하기를 즐거워하지 않고 중생구원의 자비심을 일으키지 않게 되므로 '꿰뚫어 봄'의 수행을 아울러 닦아야 한다.

87. '꿰뚫어 봄'이란 이 세상의 일체 현상은 영원한 것이 아니고 순간순간 변하고 사라지며, 마음의 움직임은 생각마다 떠오르고 사라지며, 이것이 곧 괴로움임을 꿰뚫어 알아보는 것을 말한다. 과거의 생각났던 모든 현상은 희미한 꿈과 같고, 현재의 떠오르는 모든 생각은 번갯불과 같으며, 미래에 생각날 모든 현상은 홀연히 피어오르는 구름과 같은 줄을 알아보아야 한다. 이 세상의 모든 육신은 온갖 더러움으로 물들어 깨끗하지 않으며 하나도 즐길 만한 것이 없음을 알아야 한다. 모든 중생은 아득한 옛날부터 무명사탄의 훈습을 받아 왔기 때문에 마음에 분별심이 생겨 심신의 큰 고통을 받아 왔으며 지금도 핍박을 당하고 있는 것이며 앞으로 받을 괴로움도 헤아릴 수 없지만, 이 괴로움은 버리기

도 헤어나기도 힘들다. 이러한 사실을 깨닫지 못하고 살아가는 중생은 실로 불쌍한 것이다.

88. 이러한 생각에 이르면 수행자는 마땅히 용기를 내어 큰 서원을 세워야 할 것이다. "원컨대 내 마음에서 분별심을 없애고 온 세상 두루두루 훌륭한 공덕을 쌓으며, 미래 끝까지 수많은 방편으로 고통받는 일체 중생을 구원하여 하나님 나라의 열반을 얻게 하여 가장 큰 즐거움을 누리게 하리라." 이러한 원을 일으켜 언제 어디서나 힘껏 선을 쌓으며, 수행과 배움을 놓지 않고 마음에 게으름이 없도록 해야 한다. 앉아서 고요한 마음을 기를 때 외에는 언제나 해야 할 일과 해서는 안 될 일을 살펴야 한다.

89. 활동할 때나 쉴 때나 한결같이 '멈춤'과 '꿰뚫어 봄'의 수행을 함께 닦아야 한다: 모든 현상의 본성은 변화가 없음을 알지만 인과 연의 결합에 의하여 선악의 업에는 고락의 과보가 틀림없이 따른다는 점을 명심해야 한다. 다른 한편으로는, 인연 따라 선악 업보가 있음을 알 수 있지만 사물의 본성은 머리로 알 수 있는 것이 아님을 명심해야 한다.
'멈춤'의 수행으로 보통사람들의 세상에 대한 애착을 끊고 지식인의 나약한 소견을 버리게 할 수 있다. '꿰뚫어 봄'의 수행으로 지식인은 타인에 무관심한 좁은 마음을 버리고 자비심을 갖게 되며, 보통사람들은 선한 본성을 되찾는 수행을 하게 된다. 이러므로 '멈춤'과 '꿰뚫어 봄'은 서로 떨어질 수 없으며 함께 서로 도와 수행을 성취시킨다. 이 둘을 함께 닦음이 없이는 깨침의 길에 들 수 없다.

90. 중생이 부처의 가르침을 처음 배울 때 바른 믿음을 얻고자 하나 마음이 약하여 겁먹을 수가 있다. 이 사바세계에 살기 때문에 항상

여러 부처님을 만나서 모시고 받들 수 없을 것이라고 지레 걱정을 한다. 믿음은 이루기 어렵다고 생각하여 아예 의욕을 상실한다.
하나님의 아들이신 부처님은 뛰어난 방편으로 믿음을 감싸 지켜준다는 것을 알아야 한다. 오롯한 한 마음으로 염불을 하면 그 인연으로 소원대로 저 부처님의 세계에 태어나 항상 부처님을 뵙고 영원히 악한 삶에서 벗어나게 된다. 경의 말씀대로 사람이 서방 극락세계 아미타불을 전심하여 외우면서 닦은바 선한 성품을 그쪽으로 돌려 그 세계에 살기를 구하면, 그 세계에 다시 태어나 항상 부처님을 뵙고 믿음에 물러섬이 없게 된다. 거기서 뵙는 부처님이 바로 하나님 아버지 당신이며, 늘 부지런히 닦아 행하면 마침내 다시 태어나 올바른 삼매의 세계에 머물게 된다.

5) 권수이익분(勸修利益分): 수행의 효과와 권유

91. 이상으로 '수행과 신심'의 설명을 마치고 '수행의 효과와 권유'에 대하여 설명하겠다. 하나님의 진리가 바로 여러 부처님의 깊은 가르침이란 것을 앞에서 모두 설명하였다.

92. 하나님 아들의 깊은 경지에 대한 바른 믿음을 얻어 비방을 멀리하고 대승의 길에 들어서고자 하면 마땅히 이 논서를 지녀 깊이 생각하고 닦고 익혀야 한다. 그러면 마침내 최고의 진리에 이를 수 있다.
이 논서를 읽고 두려움이나 나약한 마음이 일어나지 않는다면, 이 사람은 하나님 나라의 백성으로서 깨침을 얻을 것임을 부처님으로부터 언약받았음을 알아야 한다.

93. 가령 어떤 사람이 삼천대천 세계에 가득찬 중생을 교화하여 열가지 선행을 하게 했다 하여도, 이것은 한끼 밥 먹을 동안 이 논

서의 가르침을 올바르게 생각하는 것만 못하며, 이 공덕은 열 가지 선행과는 비교할 수조차 없이 크다. 또한 이 논서를 가지고 철저히 보아 하루 밤낮만 수행한다 하여도 그 공덕은 가없이 커서 말로 다 설명할 수 없다. 가령 시방세계의 모든 부처님이 아승기겁 동안 한없이 그 공덕을 찬양하더라도 다할 수 없으니, 하나님의 공덕은 무한대이며 이 수행자의 공덕도 또한 마찬가지로 끝이 없기 때문이다.

반대로 어떤 사람이 이 논서를 믿지 않고 비방을 한다면 그 죄의 과보로 무한한 세월 동안 큰 번뇌와 고통을 받게 된다. 그러므로 중생은 오로지 우러러 믿을 뿐 비방하는 일이 있어서는 안 된다. 그렇지 않으면 자신을 크게 다칠 뿐만 아니라 남까지 해롭게 하며, 불법승 삼보의 씨앗까지도 단절시키게 된다.

94. 하나님의 아들은 모두 이 진리를 통하여 열반을 얻었으며 모든 보살성인들도 이로 인한 수행으로 깨침의 지혜를 얻었다. 과거의 수행자들도 이 진리에 의하여 깨끗한 믿음을 이루었고, 현재의 수행자도 그러하며, 미래의 수행자들도 당연히 이 진리에 의해서 깨끗한 믿음을 이루게 된다는 점을 명심해야 한다. 그러므로 중생은 누구나 이를 부지런히 닦고 배워야 한다.

3. 되돌림의 노래(廻向頌)

95. 한없이 깊고 넓고 크신 부처님의 진리
내 오늘 힘껏 다 말했으니
이 공덕 되돌려 하나님의 성품같이
모든 중생 두루두루 구원하리.

대승기신론(大乘起信論)

(한문 원본)

마명보살(馬鳴菩薩) 지음
진제(眞諦) 한역

1. 歸敬頌

1. 歸命盡十方 最勝業偏知
色無碍自在 救世大悲者
及彼身體相 法性眞如海
無量功德藏 如實修行等
爲欲令衆生 除疑捨邪執
起大乘正信 佛種不斷故

2. 正宗分

1) 因緣分

2. 論曰 有法能起 摩訶衍信根 是故應說 說有五分 云何爲五 一者因緣分 二者立義分 三者解釋分 四者修行信心分 五者勸修利益分

3. 初說 因緣分

4. 問曰 有何因緣 而造此論 答曰 是因緣有八種 云何爲八 一者因緣

總相 所謂爲令衆生 離一切苦 得究竟樂 非求世間 名利恭敬故 二者爲欲解釋 如來根本之義 令諸衆生 正解不謬故 三者爲令善根成熟衆生 於摩訶衍法 堪任不退信故 四者爲令善根微少衆生 修習信心故 五者爲示方便 消惡業障 善護其心 遠離癡慢 出邪網故 六者爲示修習止觀 對治凡夫二乘心過故 七者爲示專念方便 生於佛前必定不退信心故 八者爲示利益 勸修行故 有如是等因緣 所以造論

5. 問曰 修多羅中 具有此法 何須重說 答曰 修多羅中 雖有此法 以衆生根行不等 受解緣別 所謂如來在世 衆生利根 能說之人 色心業勝圓音一演 異類等解 則不須論 若如來滅後 或有衆生 能以自力 廣聞而取解者 或有衆生 亦以自力 少聞而多解者 或有衆生 無自心力因於廣論 而得解者 自有衆生 復以廣論文多爲煩 心樂總持 少文而攝多義 能取解者 如是此論 爲欲總攝 如來廣大深法 無邊義故 應說此論

2) 立義分

6. 已說因緣分 次說立義分

7. 摩訶衍者 總說有二種 云何爲二 一者法 二者義 所言法者 謂衆生心 是心則攝 一切世間法 出世間法 依於此心 顯示摩訶衍義 何以故 是心眞如相 卽示摩訶衍體故 是心生滅 因緣相 能示摩訶衍 自體相用故

8. 所言義者 則有三種 云何爲三 一者體大 謂一切法 眞如平等不增減故 二者相大 謂如來藏 具足無量性功德故 三者用大 能生一切世間出世間 善因果故 一切諸佛 本所乘故 一切菩薩皆乘此法 到如來地故

3) 解釋分

9. 已說立義分 次說解釋分 解釋分有三種 云何爲三 一者顯示正義 二者對治邪執 三者分別發趣道相

(1) 顯示正義

10. 顯示正義者 依一心法 有二種門 云何爲二 一者心眞如門 二者心生滅門 是二種門 皆各 總攝一切法 此義云何 以是二門 不相離故

11. 心眞如者 卽是一法界 大總相 法門體 所謂心性 不生不滅 一切諸法 唯依妄念 而有差別 若離妄念 則無一切境界之相 是故一切法 從本已來 離言說相 離名字相 離心緣相 畢竟平等 無有變異 不可破壞 唯是一心故 名眞如 以一切言說 假名無實 但隨妄念 不可得故 言眞如者 亦無有相 謂言說之極 因言遣言 此眞如體 無有可遣 以一切法 悉皆眞故 亦無可立 以一體法 皆同如故 當知一切法 不可說 不可念故 名爲眞如

12. 問曰 若如是義者 諸衆生等 云何隨順 而能得入 答曰 若知一切法 雖說 無有能說可說 雖念 亦無能念可念 是名隨順 若離於念 名爲得入

13. 復次眞如者 依言說分別 有二種義 云何爲二 一者如實空 以能究竟顯實故 二者如實不空 以有自體具足 無漏性功德故

14. 所言空者 從本已來 一切染法 不相應故 謂離一切法 差別之相 以無虛妄心念故 當知眞如自性 非有相 非無相 非非有相 非非無相 非有無俱相 非一相 非異相 非非一相 非非異相 非一異俱相 乃至總說 依一切衆生 以有妄心 念念分別 皆不相應故 說爲空 若離妄

心 實無可空故

15. 所言不空者 已顯法體 空無妄故 卽是眞心 常恒不變 淨法滿足故 名不空 亦無有相可取 以離念境界 唯證相應故

16. 心生滅者 依如來藏故 有生滅心 所謂不生不滅 與生滅和合 非一非異 名爲阿黎耶識 此識有二種義 能攝一切法 生一切法 云何爲二 一者覺義 二者不覺義

17. 所言覺義者 謂心體離念 離念相者 等虛空界 無所不徧 法界一相 卽是如來平等法身 依此法身 說名本覺 何以故 本覺義者 對始覺義說 以始覺者 卽同本覺 始覺義者 依本覺故 而有不覺 依不覺故 說有始覺

18. 又以覺心源故 名究竟覺 不覺心源故 非究竟覺 此義云何 如凡夫人覺知前念起惡故 能止後念 令其不起 雖復名覺 卽是不覺故 如二乘觀智 初發意菩薩等 覺於念異 念無異相 以捨麤分別執着相故 名相似覺 如法身菩薩等 覺於念住 念無住相 以離分別麤念相故 名隨分覺 如菩薩地盡 滿足方便 一念相應 覺心初起 心無初相 以遠離微細念故 得見心性 心卽常住 名究竟覺 是故修多羅說 若有衆生 能觀無念者 則爲向佛智故

19. 又心起者 無有初相可知 而言知初相者 卽謂無念 是故一切衆生 不名爲覺 以從本來 念念相續 未曾離念故 說無始無明 若得無念者 則知心相 生住異滅 以無念等故 而實無有 始覺之異 以四相俱時而有 皆無自立 本來平等 同一覺故

20. 復次本覺 隨染分別 生二種相 與彼本覺 不相捨離 云何爲二 一者

智淨相 二者不思議業相 智淨相者 謂依法力熏習 如實修行 滿足方便故 破和合識相 滅相續心相 顯現法身 智淳淨故 此義云何 以一切心識之相 皆是無明 無明之相 不離覺性 非可壞 非不可壞 如大海水 因風波動 水相風相 不相捨離 而水非動性 若風止滅 動相則滅 濕性不壞故 如是衆生 自性淸淨心 因無明風動 心與無明 俱無形相 不相捨離 而心非動性 若無明滅 相續則滅 智性不壞故 不思議業相者 以依智淨 能作一切勝妙境界 所謂無量功德之相 常無斷絶 隨衆生根 自然相應 種種而見 得利益故

21. 復次覺體相者 有四種大義 與虛空等 猶如淨鏡 云何爲四 一者如實空鏡 遠離一切心境界相 無法可現 非覺照義故 二者因熏習鏡 謂如實不空 一切世間境界 悉於中現 不出不入 不失不壞 常住一心 以一切法 卽眞實性故 又一切染法 所不能染 智體不動 具足無漏 熏衆生故 三者法出離鏡 謂不空法 出煩惱碍智碍 離和合相 淳淨明故 四者緣熏習鏡 謂以法出離故 徧照衆生之心 令修善根 隨念示現故

22. 所言不覺義者 謂不如實知 眞如法一故 不覺心起 而有其念 念無自相 不離本覺 猶如迷人 依方故迷 若離於方 則無有迷 衆生亦爾 依覺故迷 若離覺性 則無不覺 以有不覺 妄想心故 能知名義 爲說眞覺 若離不覺之心 則無眞覺 自相可說

23. 復次依不覺故 生三種相 與彼不覺 相應不離 云何爲三 一者無明業相 以依不覺故 心動 說名爲業 覺則不動 動則有苦 果不離因故 二者能見相 以依動故 能見 不動則無見 三者境界相 以依能見故 境界妄現 離見則無境界

24. 以有境界緣故 復生六種相 云何爲六 一者智相 依於境界 心起分別 愛與不愛故 二者相續相 依於智故 生其苦樂覺 心起念 相應不斷故

三者執取相 依於相續 緣念境界 住持苦樂 心起着故 四者計名字相 依於妄執 分別假名言相故 五者起業相 依於名字 尋名取着 造種種業故 六者業繫苦相 以依業受果 不自在故 當知無明 能生一切染法 以一切染法 皆是不覺相故

25. 復次覺與不覺 有二種相 云何爲二 一者同相 二者異相 同相者 譬如種種瓦器 皆同微塵性相 如是無漏無明 種種業幻 皆同眞如性相 是故修多羅中 依於此眞如義故 說一切衆生 本來常住 入於涅槃 菩提之法 非可修相 非可作相 畢竟無得 亦無色相可見 而有見色相者 唯是隨染 業幻所作 非是智色 不空之性 以智相無可見故 異相者 如種種瓦器 各各不同 如是無漏無明 隨染幻差別 性染幻差別故

26. 復次生滅因緣者 所謂衆生依心 意意識轉故 此義云何 以依阿黎耶識 說有無明

27. 不覺而起 能見 能現 能取境界 起念相續故 說爲意 此意 復有五種名 云何爲五 一者名爲業識 謂無明力 不覺心動故 二者名爲轉識 依於動心 能見相故 三者名爲現識 所謂能現 一切境界 猶如明鏡 現於色像 現識亦爾 隨其五塵 對至卽現 無有前後 以一切時 任運而起 常在前故 四者名爲智識 謂分別染淨法故 五者名爲相續識 以念相應不斷故 住持過去 無量世等 善惡之業 令不失故 復能成熟 現在未來 苦樂等報 無差違故 能令現在 已經之事 忽然而念 未來之事 不覺妄慮

28. 是故三界虛僞 唯心所作 離心 則無六塵境界 此義云何 以一切法 皆從心起 妄念而生 一切分別 卽分別自心 心不見心 無相可得 當知世間一切境界 皆依衆生無明妄心 而得住持 是故一切法 如鏡中像 無體可得 唯心虛妄 以心生 則種種法生 心滅 則種種法滅故

29. 復次言意識者 卽此相續識 依諸凡夫 取着轉深 計我我所 種種妄執 隨事攀緣 分別六塵 名爲意識 亦名分離識 又復說名分別事識 此識依見愛 煩惱增長義故

30. 依無明熏習 所起識者 非凡夫能知 亦非二乘智慧所覺 謂依菩薩 從初正信 發心觀察 若證法身 得少分知 乃至菩薩究竟地 不能知盡 唯佛窮了 何以故 是心從本已來 自性清淨 而有無明 爲無明所染 有其染心 雖有染心 而常恒不變 是故此義 唯佛能知 所謂心性 常無念故 名爲不變 以不達一法界故 心不相應 忽然念起 名爲無明

31. 染心者 有六種 云何爲六 一者執相應染 依二乘解脫 及信相應地遠離故 二者不斷相應染 依信相應地 修學方便 漸漸能捨 得淨心地究竟離故 三者分別智相應染 依具戒地 漸離 乃至無相方便地 究竟離故 四者現色不相應染 依色自在地 能離故 五者能見心不相應染 依心自在地 能離故 六者根本業不相應染 依菩薩盡地 得入如來地能離故

32. 不了一法界義者 從信相應地 觀察學斷 入淨心地 隨分得離 乃至如來地 能究竟離故 言相應義者 謂心念法異 依染淨差別 而知相緣相同故 不相應義者 謂卽心不覺 常無別異 不同知相緣相故 又染心義者 名爲煩惱碍 能障眞如根本智故 無明義者 名爲智碍 能障世間自然業智故 此義云何 以依染心 能見能現 妄取境界 違平等性故 以一切法常靜 無有起相 無明不覺 妄與法違故 不能得隨順 世間一切境界 種種智故

33. 復次分別生滅相者 有二種 云何爲二 一者麤 與心相應故 二者細與心不相應故 又麤中之麤 凡夫境界 麤中之細 及細中之麤 菩薩境界 細中之細 是佛境界 此二種生滅 依於無明熏習而有 所謂依因

依緣 依因者 不覺義故 依緣者 妄作境界義故 若因滅 則緣滅 因滅故 不相應心滅 緣滅故 相應心滅

34. 問曰 若心滅者 云何相續 若相續者 云何說究竟滅 答曰 所言滅者 唯心相滅 非心體滅 如風依水 而有動相 若水滅者 則風相斷絶 無所依止 以水不滅 風相相續 唯風滅故 動相隨滅 非是水滅 無明亦爾 依心體而動 若心體滅 則衆生斷絶 無所依止 以體不滅 心得相續 唯癡滅故 心相隨滅 非心智滅

35. 復次有四種法 熏習義故 染法淨法 起不斷絶 云何爲四 一者淨法 名爲眞如 二者一切染因 名爲無明 三者妄心 名爲業識 四者妄境界 所謂六塵

36. 熏習義者 如世間衣服 實無於香 若人以香而熏習故 則有香氣 此亦如是 眞如淨法 實無於染 但以無明 而熏習故 則有染相 無明染法 實無淨業 但以眞如 而熏習故 則有淨用

37. 云何熏習 起染法不斷 所謂以依眞如法故 有於無明 以有無明 染法因故 卽熏習眞如 以熏習故 則有妄心 以有妄心 卽熏習無明 不了眞如法故 不覺念起 現妄境界 以有妄境界 染法緣故 卽熏習妄心 令其念着 造種種業 受於一切身心等苦 此妄境界熏習義 則有二種 云何爲二 一者增長念熏習 二者增長取熏習 妄心熏習義 則有二種 云何爲二 一者業識根本熏習 能受阿羅漢 辟支佛 一切菩薩 生滅苦故 二者增長分別事識熏習 能受凡夫 業繫苦故 無明熏習義 有二種 云何爲二 一者根本熏習 以能成就 業識義故 二者所起見愛熏習 以能成就 分別事識義故

38. 云何熏習 起淨法不斷 所謂以有眞如法故 能熏習無明 以熏習因緣

力故 則令妄心 厭生死苦 樂求涅槃 以此妄心 有厭求因緣故 則熏習眞如 自信己性 知心妄動 無前境界 修遠離法 以如實知 無前境界故 種種方便 起隨順行 不取不念 乃至久遠熏習力故 無明則滅 以無明滅故 心無有起 以無起故 境界隨滅 以因緣俱滅故 心相皆盡 名得涅槃 成自然業 妄心熏習義 有二種 云何爲二 一者分別事識熏習 依諸凡夫二乘人等 厭生死苦 隨力所能 以漸趣向 無上道故 二者意熏習 謂諸菩薩 發心勇猛 速趣涅槃故 眞如熏習義 有二種 云何爲二 一者自體相熏習 二者用熏習 自體相熏習者 從無始世來 具無漏法 備有不思議業 作境界之性 依此二義 恒常熏習 以有力故 能令衆生 厭生死苦 樂求涅槃 自信己身 有眞如法 發心修行

39. 問曰 若如是義者 一切衆生悉有眞如 等皆熏習 云何有信無信 無量前後差別 皆應一時 自知有眞如法 勤修方便 等入涅槃 答曰 眞如本一 而有無量無邊無明 從本已來 自性差別 厚薄不同故 過恒沙等上煩惱 依無明起差別 我見愛染煩惱 依無明起差別 如是一切煩惱 依於無明 所起前後 無量差別 唯如來能知故 又諸佛法 有因有緣 因緣具足 乃得成辦 如木中火性 是火正因 若無人知 不假方便 能自燒木 無有是處 衆生亦爾 雖有正因 熏習之力 若不値遇 諸佛菩薩 善知識等 以之爲緣 能自斷煩惱 入涅槃者 則無是處 若雖有外緣之力 而內淨法 未有熏習力者 亦不能究竟 厭生死苦 樂求涅槃 若因緣具足者 所謂自有熏習之力 又爲諸佛菩薩等 慈悲願護故 能起厭苦之心 信有涅槃 修習善根 以修善根成熟故 則値諸佛菩薩 示教利喜 乃能進趣向涅槃道

40. 用熏習者 卽是衆生 外緣之力 如是外緣 有無量義 略說二種 云何爲二 一者差別緣 二者平等緣 差別緣者 此人依於諸佛菩薩等 從初發意 始求道時 乃至得佛 於中若見若念 或爲眷屬 父母諸親 或爲給使 或爲知友 或爲怨家 或起四攝 乃至一切所作 無量行緣 以起

大悲 熏習之力 能令衆生 增長善根 若見若聞 得利益故 此緣有二種 云何爲二 一者近緣 速得度故 二者遠緣 久遠得度故 是近遠二緣 分別復有二種 云何爲二 一者增長行緣 二者受道緣 平等緣者 一切諸佛菩薩 皆願度脫 一切衆生 自然熏習 恒常不捨 以同體智力故 隨應見聞 而現作業 所謂衆生 依於三昧 乃得平等 見諸佛故

41. 此體用熏習 分別復有二種 云何爲二 一者未相應 謂凡夫二乘 初發意菩薩等 以意意識熏習 依信力故 而能修行 未得無分別心 與體相應故 未得自在業修行 與用相應故 二者已相應 謂法身菩薩 得無分別心 與諸佛智用相應 唯依法力 自然修行 熏習眞如 滅無明故

42. 復次染法 從無始已來 熏習不斷 乃至得佛 後則有斷 淨法熏習 則無有斷 盡於未來 此義云何 以眞如法 常熏習故 妄心則滅 法身顯現 起用熏習 故無有斷

43. 復次眞如自體相者 一切凡夫 聲聞緣覺 菩薩諸佛 無有增減 非前際生 非後際滅 畢竟常恒 從本已來 自性滿足 一切功德 所謂自體 有大智慧光明義故 偏照法界義故 眞實識知義故 自性淸淨心義故 常樂我淨義故 淸涼不變自在義故 具足如是 過於恒沙 不離不斷不異不思議佛法 乃至滿足 無有所少義故 名爲如來藏 亦名如來法身

44. 問曰 上說眞如 其體平等 離一切相 云何復說 體有如是 種種功德 答曰 雖實有此諸功德義 而無差別之相 等同一味 唯一眞如 此義云何 以無分別 離分別相 是故無二 復以何義 得說差別 以依業識 生滅相示 此云何示 以一切法 本來唯心 實無於念 而有妄心 不覺起念 見諸境界故 說無明 心性不起 卽是大智慧光明義故 若心起見 則有不見之相 心性離見 卽是偏照法界義故 若心有動 非眞識知 無有自性 非常非樂 非我非淨 熱惱衰變 則不自在 乃至具有 過恒沙

等 妄染之義 對此義故 心性無動 則有過恒沙等 諸淨功德相義示現 若心有起 更見前法可念者 則有所少 如是淨法 無量功德 卽是一心 更無所念 是故滿足 名爲法身 如來之藏

45. 復次眞如用者 所謂諸佛如來 本在因地 發大慈悲 修諸波羅蜜 攝化衆生 立大誓願 盡欲度脫 等衆生界 亦不限劫數 盡於未來 以取一切衆生 如己身故 而亦不取 衆生相 此以何義 謂如實知 一切衆生 及與己身 眞如平等 無別異故 以有如是 大方便智 除滅無明 見本法身 自然而有不思議業 種種之用 卽與眞如 等徧一切處 又亦無有用相可得 何以故 謂諸佛如來 唯是法身 智相之身 第一義諦 無有世諦境界 離於施作 但隨衆生 見聞得益故 說爲用

46. 此用有二種 云何爲二 一者依分別事識 凡夫二乘 心所見者 名爲應身 以不知轉識現故 見從外來 取色分齊 不能盡知故 二者依於業識 謂諸菩薩 從初發意 乃至菩薩究竟地 心所見者 名爲報身 身有無量色 色有無量相 相有無量好 所住依果 亦有無量 種種莊嚴 隨所示現 卽無有邊 不可窮盡 離分齊相 隨其所應 常能住持 不毁不失 如是功德 皆因諸波羅蜜等 無漏行熏 及不思議熏之所成就 具足無量樂相故 說爲報身

47. 又爲凡夫所見者 是其麤色 隨於六道 各見不同 種種異類 非受樂相故 說爲應身 復次初發意菩薩等所見者 以深信眞如法故 少分而見知彼色相 莊嚴等事 無來無去 離於分齊 唯依心現 不離眞如 然此菩薩 猶自分別 以未入法身位故 若得淨心 所見微妙 其用轉勝 乃至菩薩地盡 見之究竟 若離業識 則無見相 以諸佛法身 無有彼此色相 迭相見故

48. 問曰 若諸佛法身 離於色相者 云何能現色相 答曰 卽此法身 是色

體故 能現於色 所謂從本已來 色心不二 以色性卽智故 色體無形 說名智身 以智性卽色故 說名法身 徧一切處 所現之色 無有分齊 隨心能示 十方世界 無量菩薩 無量報身 無量莊嚴 各各差別 皆無分齊 而不相妨 此非心識 分別能知 以眞如 自在用義故

49. 復次顯示 從生滅門 卽入眞如門 所謂推求五陰 色之與心 六塵境界 畢竟無念 以心無形相 十方求之 終不可得 如人迷故 謂東爲西 方實不轉 衆生亦爾 無明迷故 謂心爲念 心實不動 若能觀察 知心無念 卽得隨順 入眞如門故

⑵ **對治邪執**

50. 對治邪執者 一切邪執 皆依我見 若離於我 則無邪執 是我見 有二種 云何爲二 一者人我見 二者法我見

51. 人我見者 依諸凡夫說 有五種 云何爲五 一者聞修多羅說 如來法身畢竟寂寞 猶如虛空 以不知爲破着故 卽謂虛空 是如來性 云何對治 明虛空相 是其妄法 體無不實 以對色故有 是可見相 令心生滅 以一切色法 本來是心 實無外色 若無色者 則無虛空之相 所謂 一切境界 唯心妄起故有 若心離於妄動 則一切境界滅 唯一眞心 無所不徧 此謂如來廣大性智 究竟之義 非如虛空相故

52. 二者聞修多羅說 世間諸法 畢竟體空 乃至涅槃 眞如之法 亦畢竟空 從本已來自空 離一切相 以不知爲破着故 卽謂眞如 涅槃之性 唯是其空 云何對治 明眞如法身 自體不空 具足無量性功德故

53. 三者聞修多羅說 如來之藏 無有增減 體備一切功德之法 以不解故 卽謂如來之藏 有色心法 自相差別 云何對治 以唯依眞如義說故 因生滅染義示現 說差別故

54. 四者聞修多羅說 一切世間 生死染法 皆依如來藏而有 一切諸法 不離眞如 以不解故 謂如來藏 自體具有 一切世間 生死等法 云何對治 以如來藏 從本已來 唯有過恒沙等 諸淨功德 不離不斷不異 眞如義故 以過恒沙等 煩惱染法 唯是妄有 性自本無 從無始世來 未曾與如來藏相應故 若如來藏 體有妄法 而使證會 永息妄者 則無是處故

55. 五者聞修多羅說 依如來藏故 有生死 依如來藏故 得涅槃 以不解故 謂衆生有始 以見始故 復謂如來所得涅槃 有其終盡 還作衆生 云何對治 以如來藏 無前際故 無明之相 亦無有始 若說三界外 更有衆生始起者 卽是外道經說 又如來藏 無有後際 諸佛所得涅槃 與之相應 則無後際故

56. 法我見者 依二乘鈍根故 如來但爲說 人無我 以說不究竟 見有五陰生滅之法 怖畏生死 妄取涅槃 云何對治 以五陰法 自性不生 則無有滅 本來涅槃故

57. 復次究竟離妄執者 當知染法淨法 皆悉相待 無有自相可說 是故一切法 從本已來 非色非心 非智非識 非有非無 畢竟不可說相 而有言說者 當知如來善巧方便 假以言說 引導衆生 其旨趣者 皆爲離念歸於眞如 以念一切法 令心生滅 不入實智故

(3) 分別發趣道相

58. 分別發趣道相者 謂一切諸佛 所證之道 一切菩薩 發心修行 趣向義故 略說發心 有三種 云何爲三 一者信成就發心 二者解行發心 三者證發心

59. 信成就發心者 依何等人 修何等行 得信成就 堪能發心 所謂依不定

聚衆生 有熏習善根力故 信業果報 能起十善 厭生死苦 欲求無上菩提 得值諸佛 親承供養 修行信心 經一萬劫 信心成就故 諸佛菩薩教令發心 或以大悲故 能自發心 或因正法欲滅 以護法因緣 能自發心 如是信心成就 得發心者 入正定聚 畢竟不退 名住如來種中 正因相應

60. 若有衆生 善根微少 久遠已來 煩惱深厚 雖値於佛 亦得供養 然起人天種子 或起二乘種子 設有求大乘者 根則不定 若進若退 或有供養諸佛 未經一萬劫 於中遇緣 亦有發心 所謂見佛色相 而發其心 或因供養衆僧 而發其心 或因二乘之人 教令發心 或學他發心 如是等發心 悉皆不定 遇惡因緣 或便退失墮 二乘地

61. 復次信成就發心者 發何等心 略說有三種 云何爲三 一者直心 正念眞如法故 二者深心 樂集一切諸善行故 三者大悲心 欲拔一切衆生苦故

62. 問曰 上說法界一相 佛體無二 何故不唯念眞如 復假求學 諸善之行 答曰 譬如大摩尼寶 體性明淨 而有鑛穢之垢 若人雖念寶性 不以方便 種種磨治 終無得淨 如是衆生 眞如之法 體性空淨 而有無量 煩惱染垢 若人雖念眞如 不以方便 種種熏修 亦無得淨 以垢無量 徧一切法故 修一切善行 以爲對治 若人修行一切善法 自然歸順 眞如法故

63. 略說方便 有四種 云何爲四 一者行根本方便 謂觀一切法 自性無生 離於妄見 不住生死 觀一切法 因緣和合 業果不失 起於大悲 修諸福德 攝化衆生 不住涅槃 以隨順 法性無住故 二者能止方便 謂慚愧悔過 能止一切惡法 不令增長 以隨順 法性離諸過故 三者發起善根增長方便 謂勤供養 禮拜三寶 讚歎隨喜 勸請諸佛 以愛敬三寶

淳厚心故 信得增長 乃能志求 無上之道 又因佛法僧力所護故 能消業障 善根不退 以隨順 法性離癡障故 四者大願平等方便 所謂發願盡於未來 化度一切衆生 使無有餘 皆令究竟 無餘涅槃 以隨順 法性無斷絶故 法性廣大 徧一切衆生 平等無二 不念彼此 究竟寂滅故

64. 菩薩發是心故 則得所分 見於法身 以見法身故 隨其願力 能現八種利益衆生 所謂從兜率天退 入胎住胎 出胎出家 成道轉法輪 入於涅槃 然是菩薩 未名法身 以其過去無量世來 有漏之業 未能決斷 隨其所生 與微苦相應 亦非業繫 以有大願 自在力故 如修多羅中 或說有退墮惡趣者 非其實退 但爲初學菩薩 未入正位 而懈怠者恐怖令使勇猛故 又是菩薩 一發心後 遠離怯弱 畢竟不畏 墮二乘地 若聞無量無邊 阿僧祇劫 勤苦難行 乃得涅槃 亦不怯弱 以信知一切法從本已來 自涅槃故

65. 解行發心者 當知轉勝 以是菩薩 從初正信已來 於第一阿僧祇劫 將欲滿故 於眞如法中 深解現前 所修離相 以知法性體 無慳貪故 隨順修行 檀波羅蜜 以知法性無染 離五欲過故 隨順修行 尸波羅蜜以知法性無苦 離瞋惱故 隨順修行 羼提波羅蜜 以知法性無身心相離懈怠故 隨順修行 毘梨耶波羅蜜 以知法性常定 體無亂故 隨順修行 禪波羅蜜 以知法性體明 離無明故 隨順修行 般若波羅蜜

66. 證發心者 從淨心地 乃至菩薩究竟地 證何境界 所謂眞如 以依轉識說爲境界 而此證者 無有境界 唯眞如智 名爲法身

67. 是菩薩 於一念頃 能至十方 無餘世界 供養諸佛 請轉法輪 唯爲開導 利益衆生 不依文字 或示超地 速成正覺 以爲怯弱衆生故 或說我 於無量阿僧祇劫 當成佛道 以爲懈慢衆生故 能示如是 無數方便不可思義 而實菩薩 種性根等 發心則等 所證亦等 無有超過之法

以一切菩薩 皆經三阿僧祇劫故 但隨衆生 世界不同 所見所聞 根欲性異故 示所行 亦有差別

68. 又是菩薩 發心相者 有三種 心微細之相 云何爲三 一者眞心 無分別故 二者方便心 自然徧行 利益衆生故 三者業識心 微細起滅故

69. 又是菩薩 功德成滿 於色究竟處 示一切世間最高大身 謂以一念相應慧 無明頓盡 名一切種智 自然而有不思議業 能現十方 利益衆生

70. 問曰 虛空無邊故 世界無邊 世界無邊故 衆生無邊 衆生無邊故 心行差別 亦復無邊 如是境界 不可分齊 難知難解 若無明斷 無有心想 云何能了 名一切種智 答曰 一切境界 本來一心 離於想念 以衆生妄見境界故 心有分齊 以妄起想念 不稱法性故 不能決了 諸佛如來 離於見想 無所不徧 心眞實故 卽是諸法之性 自體顯照 一切妄法 有大智用 無量方便 隨諸衆生 所應得解 皆能開示 種種法義 是故得名一切種智

71. 又問曰 若諸佛有自然業 能現一切處 利益衆生者 一切衆生 若見其身 若覩神變 若聞其說 無不得利 云何世間 多不能見 答曰 諸佛如來 法身平等 徧一切處 無有作意故 而說自然 但依衆生心現 衆生心者 猶如於鏡 鏡若有垢 色像不現 如是衆生 心若有垢 法身不現故

4) 修行信心分

72. 已說解釋分 次說修行信心分 是中依未入正定衆生故 說修行信心

73. 何等信心 云何修行 略說信心 有四種 云何爲四 一者信根本 所謂樂念 眞如法故 二者信佛有無量功德 常念親近 供養恭敬 發起善根

願求一切智故 三者信法有大利益 常念修行 諸波羅蜜故 四者信僧能正修行 自利利他 常樂親近 諸菩薩衆 求學如實行故

74. 修行有五門 能成此信 云何爲五 一者施門 二者戒門 三者忍門 四者進門 五者止觀門

75. 云何修行施門 若見一切 來求索者 所有財物 隨力施與 以自捨慳貪 令彼歡喜 若見厄難 恐怖危逼 隨己堪任 施與無畏 若有衆生 來求法者 隨己能解 方便爲說 不應貪求 名利恭敬 唯念自利利他 廻向菩提故

76. 云何修行戒門 所謂不殺 不盜不婬 不兩舌不惡口 不妄言 不綺語 遠離貪嫉 欺詐諂曲 瞋恚邪見 若出家者 爲折伏煩惱故 亦應遠離 憒鬧 常處寂淨 修習少欲知足 頭陀等行 乃至小罪 心生怖畏 慚愧改悔 不得輕 於如來所制禁戒 當護譏嫌 不令衆生 妄起過罪故

77. 云何修行忍門 所謂應忍 他人之惱 心不懷報 亦當忍於利衰 毁譽稱譏 苦樂等法故

78. 云何修行進門 所謂於諸善事 心不懈退 立志堅强 遠離怯弱 當念過去 久遠已來 虛受一切 身心大苦 無有利益 是故應勤 修諸功德 自利利他 速離衆苦 復次若人 雖修行信心 以從先世來 多有重罪惡業障故 爲魔邪諸鬼之所惱亂 或爲世間事務 種種牽纏 或爲病苦所惱 有如是等 衆多障碍 是故應當 勇猛精勤 晝夜六時 禮拜諸佛 誠心懺悔 勸請隨喜 廻向菩提 常不休廢 得免諸障 善根增長故

79. 云何修行止觀門 所言止者 謂止一切境界相 隨順奢摩他觀義故 所言觀者 謂分別因緣生滅相 隨順毘鉢舍那觀義故 云何隨順 以此二

義 漸漸修習 不相捨離 雙現前故

80. 若修止者 住於靜處 端坐正意 不依氣息 不依形色 不依於空 不依地水火風 乃至不依見聞覺知 一切諸想 隨念皆除 亦遣除想 以一切法 本來無相 念念不生 念念不滅 亦不得隨心 外念境界 後以心除心 心若馳散 卽當攝來 住於正念 是正念者 當知唯心 無外境界 卽復此心 亦無自相 念念不可得

81. 若從坐起 去來進止 有所施作 於一切時 常念方便 隨順觀察 久習淳熟 其心得住 以心住故 漸漸猛利 隨順得入 眞如三昧 深伏煩惱 信心增長 速成不退 唯除疑惑 不信誹謗 重罪業障 我慢懈怠 如是等人 所不能入

82. 復次依如是三昧故 則知法界一相 謂一切諸佛法身 與衆生身 平等無二 卽名一行三昧 當知眞如 是三昧根本 若人修行 漸漸能生 無量三昧

83. 或有衆生 無善根力 則爲諸魔外道 鬼神之所惑亂 若於坐中 現形恐怖 或現端正 男女等相 當念唯心 境界則滅 終不爲惱 或現天像菩薩像 亦作如來像 相好具足 若說陀羅尼 若說布施持戒 忍辱精進禪定智慧 或說平等空 無相無願 無怨無親 無因無果 畢竟空寂 是眞涅槃 或令人知 宿命過去之事 亦知未來之事 得他心智 辯才無碍能令衆生貪着 世間名利之事 又令使人 數瞋數喜 性無常準 或多慈愛 多睡多病 其心懈怠 或卒起精進 後便休廢 生於不信 多疑多慮或捨本勝行 更修雜業 若着世事 種種牽纏 亦能使人 得諸三昧 少分相似 皆是外道所得 非眞三昧 或復令人 若一日若二日 若三日乃至七日 住於定中 得自然香美飮食 身心適悅 不飢不渴 使人愛着或亦令人 食無分齊 乍多乍少 顏色變異 以是義故 行者常應 智慧

觀察 勿令此心 墮於邪網 當勤正念 不取不着 則能遠離 是諸業障

84. 應知外道 所有三昧 皆不離見愛 我慢之心 貪着世間 名利恭敬故 眞如三昧者 不住見相 不住得相 乃至出定 亦無懈慢 所有煩惱漸漸微薄 若諸凡夫 不習此三昧法 得入如來種性 無有是處 以修世間諸禪三昧 多起味着 依於我見 繫屬三界 與外道共 若離善知識所護 則起外道見故

85. 復次精勤 專心修學 此三昧者 現世當得 十種利益 云何爲十 一者常爲十方諸佛 菩薩之所護念 二者不爲諸魔惡鬼 所能恐怖 三者不爲九十五種 外道鬼神之所惑亂 四者遠離誹謗 甚深之法 重罪業障漸漸微薄 五者滅一切疑 諸惡覺觀 六者於如來境界 信得增長 七者遠離憂悔 於生死中 勇猛不怯 八者其心柔和 捨於憍慢 不爲他人所惱 九者雖未得定 於一切時 一切境界處 則能減損煩惱 不樂世間 十者若得三昧 不爲外緣 一切音聲之所驚動

86. 復次若人 唯修於止 則心沈沒 或起懈怠 不樂衆善 遠離大悲 是故修觀

87. 修習觀者 當觀一切世間 有爲之法 無得久停 須臾變壞 一切心行念念生滅 以是故苦 應觀過去所念諸法 恍惚如夢 應觀現在所念諸法 猶如電光 應觀未來所念諸法 猶如於雲 忽爾而起 應觀世間一切有身 悉皆不淨 種種穢汚 無一可樂 如是當念 一切衆生 從無始世來 皆因無明 所熏習故 令心生滅 已受一切身心大苦 現在卽有 無量逼迫 未來所苦 亦無分齊 難捨難離 而不覺知 衆生如是 甚爲可愍

88. 作此思惟 卽應勇猛 立大誓願 願令我心 離分別故 偏於十方 修行

一切諸善功德 盡其未來 以無量方便 救拔一切苦惱衆生 令得涅槃 第一義樂 以起如是願故 於一切時 一切處 所有衆善 隨己堪能 不捨修學 心無懈怠 唯除坐時 專念於止 若餘一切 悉當觀察 應作不應作

89. 若行若住 若臥若起 皆應止觀俱行 所謂雖念 諸法自性不生 而復卽念 因緣和合 善惡之業 苦樂等報 不失不壞 雖念因緣 善惡業報 而亦卽念 性不可得 若修止者 對治凡夫 住着世間 能捨二乘 怯弱之見 若修觀者 對治二乘 不起大悲 狹劣心過 遠離凡夫 不修善根 以此義故 是止觀二門 共相助成 不相捨離 若止觀不具 則無能入 菩提之道

90. 復次衆生 初學是法 欲求正信 其心怯弱 以住於此娑婆世界 自畏不能 常値諸佛 親承供養 懼謂信心 難可成就 意欲退者 當知如來有勝方便 攝護信心 謂以專意 念佛因緣 隨願得生 他方佛土 常見於佛 永離惡道 如修多羅說 若人專念 西方極樂世界 阿彌陀佛 所修善根廻向 願求生彼世界 則得往生 常見佛故 終無有退 若觀彼佛 眞如法身 常勤修習 畢竟得生 住正定故

5) 勸修利益分

91. 已說修行信心分 次說勸修利益分 如是摩訶衍 諸佛秘藏 我已總說

92. 若有衆生 欲於如來甚深境界 得生正信 遠離誹謗 入大乘道 當持此論 思量修習 究竟能至 無上之道 若人聞是法已 不生怯弱 當知此人 定紹佛種 必爲諸佛之所授記

93. 假使有人 能化三千大千世界 滿中衆生 令行十善 不如有人 於一食

頃 正思此法 過前功德 不可爲喩 復次若人 受持此論 觀察修行 若一日一夜 所有功德 無量無邊 不可得說 假令十方一切諸佛 各於無量無邊 阿僧祇劫 歎其功德 亦不能盡 何以故 謂法性功德 無有盡故 此人功德 亦復如是 無有邊際 其有衆生 於此論中 毁謗不信 所獲罪報 經無量劫 受大苦惱 是故衆生 但應仰信 不應誹謗 以深自害 亦害他人 斷絶一切三寶之種

94. 以一切如來 皆依此法 得涅槃故 一切菩薩 因之修行 入佛智故 當知過去菩薩 以依此法 得成淨信 現在菩薩 今依此法 得成淨信 未來菩薩 當依此法 得成淨信 是故衆生 應勤修學

3. 廻向頌

95. 諸佛甚深廣大義 我今隨分總持說
廻此功德如法性 普利一切衆生界

찾아보기

ㅅ

ㅇ

ㅊ

소광섭(蘇光燮)

서울대학교 문리과대학 물리학과
미국 Brown 대학교 이학박사(Ph.D.)
미국 Cornell 대학교 연구원
서울대학교 사범대학 물리교육과 교수 역임

저서
『대통일이론』(1986)

연구 분야
양자장론 및 일반상대성이론

서울대학교 사범대학 교육연구재단 지원 저술연구도서 2

물리학과 대승기신론

관찰자와 현상

초판 1쇄 발행 1999년 7월 20일
초판 13쇄 발행 2024년 2월 20일

지은이 소광섭

펴낸곳 서울대학교출판문화원
주소 08826 서울 관악구 관악로 1
도서주문 02-889-4424, 02-880-7995
홈페이지 www.snupress.com
페이스북 @snupress1947
인스타그램 @snupress
이메일 snubook@snu.ac.kr
출판등록 제15-3호

ISBN 978-89-521-3680-0 93420